fir+iaw

Forschung für die Praxis • Band 28

**Berichte aus dem
Forschungsinstitut für Rationalisierung (FIR)
und dem Lehrstuhl und Institut
für Arbeitswissenschaft (IAW)
der Rheinisch-Westfälischen
Technischen Hochschule Aachen**

Herausgeber: Univ.-Prof. Dr.-Ing. R. Hackstein

Th. Scheller

Arbeitsorganisation bei Einsatz einer CAD / NC - Kopplung

Mit 51 Abbildungen und 3 Tabellen

**Springer-Verlag
Berlin Heidelberg New York
London Paris Tokyo Hongkong 1990**

Dipl.-Ing. Thomas Scheller
Forschungsinstitut für Rationalisierung
an der Rheinisch-Westfälischen Technischen Hochschule Aachen

Univ.-Prof. Dr.-Ing. Rolf Hackstein
Inhaber des Lehrstuhls und Direktor des Instituts für Arbeitswissenschaft,
Direktor des Forschungsinstituts für Rationalisierung an der Rheinisch-
Westfälischen Technischen Hochschule Aachen

D 82 (Diss. TH Aachen)
Beitrag zur Gestaltung der Arbeitsorganisation für die Bereiche Konstruktion und NC-Programmierung beim Einsatz integrierter Datenverarbeitung

ISBN 3-540-52750-8 Springer Verlag   Berlin, Heidelberg, New York
ISBN 0-387-52750-8 Springer Verlag   New York, Berlin, Heidelberg

Die Wiedergabe von Gebrauchsnamen, Handelsnamen, Warenbezeichnungen usw. in diesem
Werk berechtigt auch ohne besondere Kennzeichnung nicht zu der Annahme, daß solche Namen
im Sinne der Warenzeichen- und Markenschutz-Gesetzgebung als frei zu betrachten wären und
daher von jedermann benutzt werden dürften.

Sollte in diesem Werk direkt oder indirekt auf Gesetze, Vorschriften oder Richtlinien (z.B. DIN,
VDI, VDE) Bezug genommen oder aus ihnen zitiert worden sein, so kann der Verlag keine Gewähr
für Richtigkeit, Vollständigkeit oder Aktualität übernehmen. Es empfiehlt sich, gegebenenfalls für
die eigenen Arbeiten die vollständigen Vorschriften oder Richtlinien in der jeweils gültigen Fassung
hinzuzuziehen.

Gesamtherstellung:
Becker-Kuns · Druck + Verlag GmbH · Peliserkerstr. 86 · 5100 Aachen · Tel. 0241 / 153767
2160 / 3020-543210

Vorwort des Herausgebers

Die Mechanisierung und Automatisierung der industriellen Produktion hat in den vergangenen Jahren weiter ständig zugenommen. Begriffe wie "Flexible Fertigungssysteme", "Robotereinsatz" oder "CNC-Maschinen" sind einige Deskriptoren dieser Entwicklung. Mit steigender Komplexität der eingesetzten Anlagen, Maschinen und Verfahren erhöhen sich auch die Anforderungen an die Organisation des Zusammenwirkens von Mensch, Betriebsmittel und Material. Die Beherrschung und Verbesserung dieser Ablauforganisation wird mehr und mehr zum entscheidenden Faktor für einen erfolgreichen Einsatz moderner Produktionstechnologien.

Die Ablauforganisation in den Fabriken der Zukunft wird vom Einsatz der Informationstechnik geprägt sein. Einen der Anwendungsschwerpunkte der Informationstechnik in der Ablauforganisation von Produktionsbetriebe bildet der Einsatz von Informationssystemen für die Planung und Steuerung von Produktionsabläufen einschließlich des Transportes und der Lagerung.

Der Erfolg solcher Informationssysteme ist in besonderem Maße davon abhängig, wie gut es gelingt, bei der Entwicklung und beim Einsatz der Systeme gleichermaßen sowohl die technisch-organisatorischen als auch die humanen (arbeitswissenschaftlichen) Aspekte zu berücksichtigen. Während sich die technologische Entwicklung nämlich auf dem Hardware-Sektor äußerst rasant vollzieht, ist zu beobachten, daß zwischen der durch die Hardware gebotenen Möglichkeiten und der durch entsprechende Methoden und Programme (Software) realisierten Anwendungen eine immer größere Lücke entsteht, die als "Software-Lücke" bezeichnet wird.

Erfolge beim betrieblichen Einsatz können weiterhin aber auch nur dann erreicht werden, wenn der Mensch die oben genannten Informationssysteme akzeptiert. Das aber gelingt nur, wenn der

Mensch die sich ergebenden Veränderungen positiv bewältigen
kann. Da bisher zu wenig Beweglichkeit, Einfallsreichtum und
Flexibilität bei der Entwicklung neuer Bedingungen für die
Gestaltung der Arbeitszeit, des Arbeitsplatzes, des Arbeits-
kräfteeinsatzes, der Arbeitsorganisation und ähnlichem festzu-
stellen ist, zeigt sich hier eine zweite, immer größer werden-
de Lücke, die vielfach als "Akzeptanzlücke" bezeichnet wird
und die in ihren negativen Auswirkungen der "Software-Lücke"
sicherlich nicht nachsteht.

Darüber hinaus ist es heute im Hinblick auf die Wirtschaftlichkeit von Neuen Technologien noch allzu häufig üblich, daß
man unter der Forderung nach "geringeren Kosten" vorzugsweise
"geringere Produktionskosten" und unter "höherer Leistung"
vorzugsweise "höhere menschliche Anstrengung" versteht. Es
erhebt sich aber vor dem Hintergrund der Massenarbeitslosig-
keit die Frage, inwieweit man heute Neue Technologien als
Ersatz für Alte Technologien vorzugsweise durch Reduzierung
der Personalkosten anstreben muß und man höhere Leistung
vorzugsweise nur durch Erhöhung der menschlichen Anstrengung
erreichen kann.

Industrielle Führungskräfte sollen hingegen wissen, daß gerade
die mit dem Begriff des Computers verbundenen Neuen Technologien so gestaltbar sind, daß dem Menschen nicht höhere An-
strengungen zugemutet wird, sondern der Computer die Arbeit
des Menschen so unterstützen kann, daß das Leistungsergebnis-
und darauf kommt es ja an - verbessert wird. Es ist folglich
zu prüfen, welche Neuen Technologien geeignet sind, sowohl die
Wirtschaftlichkeit zu steigern, als auch den Personalfreiset-
zungseffekt zu vermeiden.

Die Arbeiten der beiden vom Herausgeber geleiteten Institute,
des Forschungsinstitutes für Rationalisierung (FIR) an der
RWTH Aachen und des Lehrstuhls und Institutes für Arbeitswissenschaft (IAW) der RWTH Aachen, sind vor diesem Hintergrund

darauf gerichtet, Beiträge zur Schließung der angezeigten Lücken und zur Realisierung der genannten Forderungen zu leisten. zur Umsetzung gewonnener Erkenntnisse wird die Schriftenreihe "FIR-IAW-Forschung für die Praxis" herausgegeben. Der vorliegende Band setzt diese Reihe fort. Die bisher erschienenen Titel sind am Schluß dieses Bandes aufgeführt.

Dem Verfasser danke ich für die geleistete Arbeit, dem Verlag für die Aufnahme dieser Schriftenreihe in sein Programm und allen anderen Beteiligten für ihren Beitrag zum Gelingen des Bandes.

Rolf Hackstein

Inhaltsverzeichnis

1 Einleitung und Zielsetzung

Der Einsatz numerisch gesteuerter Werkzeugmaschinen (NC-Maschinen) ist aus dem Produktionsalltag der Unternehmen in der Bundesrepublik Deutschland heute nicht mehr wegzudenken. Die Unternehmen haben bereits seit vielen Jahren im Einsatz der NC-Technik ein wirkungsvolles Instrument entdeckt, um auf die Anforderungen des Marktes in ausreichendem Maße flexibel reagieren zu können. In der Zukunft werden sich nach einer Untersuchung des Batelle-Instituts (vgl. PAUSEWANG 1986) die Einsatzbereiche der NC-Maschinen noch erheblich ausweiten (vgl. Abb. 1-1).

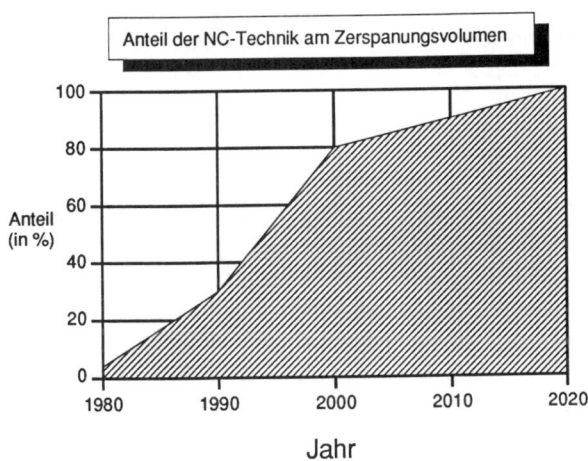

Abb. 1-1: Die Entwicklung des Anteils der NC-Technik am gesamten Zerspanungsvolumen (nach PAUSEWANG 1986)

Zusammen mit der Einführung numerisch gesteuerter Werkzeugmaschinen stellt sich die Frage, wie diese Maschinen mit den notwendigen Steuerinformationen für die Fertigung versorgt werden können. So hat sich neben anderen Programmiertechniken, wie z. B. der manuellen oder der Werkstattprogrammmierung, der Einsatz EDV-gestützter NC-Programmiersysteme, mit deren Hilfe der Fertigungsablauf auf der NC-

Maschine in einer einfachen und effektiven Form beschrieben werden kann, von Anfang an etabliert.

Im Zuge des stetigen Preisverfalls bei der Hardware und der steigenden Leistungsfähigkeit der Software bei relativ stabilem Preisniveau, werden zunehmend auch die Konstruktionstätigkeiten EDV-gestützt abgewickelt: Setzten 1985 gerade 5 % aller Unternehmen in der Bundesrepublik Deutschland CAD-Systeme für die EDV-gestützte Konstruktion ein, so steigerte sich der Einsatz auf ca. 15 % Ende 1987. Ausgehend von einem Marktpotential von ca. 320.000 CAD-Arbeitsplätzen in der Bundesrepublik Deutschland sind heute bereits ca. 64.000 Arbeitsplätze installiert, wobei alleine im Kalenderjahr 1988 ca. 19.000 Arbeitsplätze hinzukamen (vgl. VDI 1989).

Die Entwicklung von CAD- und NC-Programmiersystemen verlief in der Vergangenheit praktisch unabhängig voneinander, da mit dem Einsatz dieser beiden Systeme unterschiedliche Zielsetzungen verbunden wurden. Allerdings bietet sich eine datentechnische Verknüpfung der beiden Systeme an, da während des Konstruktionsprozesses bereits viele Informationen erzeugt und EDV-gerecht abgelegt werden, die später bei der NC-Programmierung genutzt werden können. Hier ist in erster Linie zunächst an die Fertigteilgeometrie zu denken, die sonst bei der NC-Programmierung erneut beschrieben werden muß.

Für die Datenübertragung von einem CAD-System in ein NC-Programmiersystem sind im wesentlichen drei Probleme zu lösen:

- Der physikalische Datentransfer von einem Rechnersystem auf das andere,
- die Auswahl bzw. Erstellung informeller Schnittstellen zwischen den Systemen, die eine Informationsübertragung möglichst ohne Informationsverlust und ohne Informationsverfälschung gewährleisten sowie
- die Organisation der Zusammenarbeit zwischen den Abteilungen Konstruktion und NC-Programmierung.

Da der physikalische Datentransfer selbst zwischen zwei von der Grundkonzeption sehr verschiedenen Rechnersystemen, wie z. B. Personal Computern (PC) und Großrechnern durch den Einsatz von Netzwerken wie Ethernet oder Token Ring bzw. durch die Nutzung von Bildschirm-Emulationen, die auf herstellerabhängigen Standards beruhen, heute kaum noch Probleme aufwirft, liegt das Hauptaugenmerk der aktuellen Forschung auf den beiden letzten Problembereichen.

Die Auswahl einer geeigneten Schnittstelle - sofern bei den zu koppelnden Programmsystemen von den Anbietern mehr als eine Schnittstelle zur Verfügung gestellt wird - bestimmt wesentlich den möglichen Informationsgehalt der übertragenen Daten und damit den maximal erreichbaren Nutzen für die NC-Programmierung.

Vor der Datenübertragung müssen im allgemeinen die zu übergebenden Informationen selektiert und im Anschluß daran im NC-Programmiersystem aufbereitet und strukturiert werden. In der Praxis hat sich gezeigt, daß gerade dieser Aufwand erheblich ist und den Nutzen der CAD/NC-Kopplung deutlich schmälern kann.

Der reinen Optimierung der technischen Datenübertragung sowie der Informationsspeicherung im CAD-System sind allerdings enge Grenzen gesetzt, da zum Beispiel die Art und Weise wie der Konstrukteur die Konstruktionsidee detailliert, einen wesentlichen Einfluß auf die Nutzungsmöglichkeiten der CAD-Daten im NC-Programmiersystem hat ('NC-gerechte Konstruktion'). Hier sind vielmehr organisatorische Überlegungen entscheidend: Ein gutes Zusammenwirken von Konstruktion und NC-Programmierung kann sicherstellen, daß Konstruktionszeichnungen ohne größeren Vorbereitungsaufwand in NC-Programme umgesetzt werden können. Dazu sind allerdings genaue Absprachen und Vereinbarungen zwischen Konstrukteur und NC-Programmierer notwendig, die sich einerseits z. B. in direkten Konstruktionsrichtlinien äußern

können oder sich auch in der Form der Arbeitsteilung wider-
spiegeln.

Das heißt, daß neben der rein technischen Realisierung der
CAD/NC-Kopplung, die Form der Arbeitsorganisation einen entscheidenden Einfluß auf den Nutzen der CAD/NC-Kopplung hat.

Die optimale Arbeitsorganisationsform hängt aber wiederum
direkt von der spezifischen Unternehmenssituation ab, da
Unternehmensgröße, eingesetzte Fertigungsverfahren, die
Werkstückkomplexität oder die Auftragsstruktur nicht direkt
von einem Unternehmen auf ein anderes übertragbar sind.
Damit stellt sich vielfach das Problem, ohne die Möglichkeit
einer Orientierung an die Lösungen anderer Betriebe, eine
anforderungsgerechte Form der Arbeitsorganisation zu finden.

Ziel der vorliegenden Arbeit ist es nun, Entscheidungshilfen
zur praxisgerechten Gestaltung der Arbeitsorganisation in
den Bereichen Konstruktion und NC-Programmierung bei Einsatz
einer CAD/NC-Kopplung zu entwickeln: Ausgehend von der
individuellen Unternehmenssituation, aus der die Anforderungen an die Arbeitsorganisation abzuleiten sind, soll ein
Instrumentarium erarbeitet werden, mit dem eine anforderungsgerechte Form der Arbeitsorganisation ausgewählt werden
kann. Die Ableitung des Instrumentariums selbst kann nicht
alleine auf der Basis theoretischer Überlegungen durchgeführt werden, sondern muß durch eine Analyse der Erfahrungs-
werte von Betrieben erfolgen, die eine CAD/NC-Kopplung
bereits erfolgreich realisiert haben, damit die Praxisorien-
tierung des Instrumentariums gewährleistet werden kann.

2 Begriffsbestimmungen und funktionale Abgrenzung

2.1 Computer Aided Design (CAD)

Nach AWF (1985, S. 4) umfaßt das Computer Aided Design (CAD) "alle Aktivitäten, bei denen die EDV direkt oder indirekt im Rahmen von Konstruktions- und Entwicklungstätigkeiten eingesetzt wird. Dies bezieht sich im engeren Sinne auf die graphisch-interaktive Erzeugung und Manipulation einer digitalen Objektdarstellung, z. B. durch die zweidimensionale Zeichnungserstellung oder durch die dreidimensionale Modellbildung". Die digitale Objektdarstellung wird in einer Datenbank abgelegt, die auch von anderen betrieblichen Bereichen für weitere Aufgaben genutzt werden kann.

Im Zusammenhang mit der NC-Programmierung müssen die zweidimensionalen Modelle (2D-Modelle) von den dreidimensionalen Modellen (3D-Modellen) unterschieden werden: Während die 2D-Modelle als elektronischer Ersatz des Zeichenbretts aufgefaßt werden können und vor allem zur Pflege und Erstellung technischer Zeichnungen bzw. symbolischer Pläne eingesetzt werden, bieten die 3D-Modelle (3D-Linien oder -Drahtmodell, 3D-Flächenmodell und 3D-Volumenmodell) umfangreiche Möglichkeiten zur Gestaltung beliebig geformter Körper (vgl. SPUR, KRAUSE 1984, S. 215 ff.). Hierdurch lassen sich dann zum Teil beliebige Flächen in jeder räumlichen Lage schnell und zuverlässig erzeugen und für die NC-Programmierung zur Verfügung stellen (vgl. ULRICH, RAAB 1986). Wegen der erheblichen Mehrkosten, bedingt durch die umfangreichere Software und die höhere notwendige Rechnerleistung der 3D- gegenüber den 2D-Modellen, dominieren zur Zeit die 2D-Modelle.

2.2 NC-Programmierung

PFENNIG (1987, S. 25) definiert die Programmierung numerisch gesteuerter Werkzeugmaschinen (NC-Programmierung) als "Ermittlung und Bereitstellung sämtlicher Informationen, die für die Bearbeitung auf diesen Maschinen erforderlich sind". Im Rahmen der NC-Programmierung werden Werkstattzeichnungen in ein Datenformat umgesetzt, das direkt an die Maschinensteuerung einer numerisch gesteuerten Werkzeugmaschine übergeben werden kann. Dabei ist der gesamte Arbeitsablauf auf der Werkzeugmaschine im Detail zu planen.

Zur Verdeutlichung der Tätigkeiten, die bei der Arbeitsablaufplanung zu detaillieren sind, zeigt Abbildung 2-1 in einer Übersicht die Aufgaben der NC-Programmierung, wobei die Funktion 'NC-Programmierung' in einzelne Teilfunktionen aufgegliedert wurde. Für die Bearbeitung der Teilfunktionen aus Abbildung 2-1

- Programmiervorbereitung,
- Arbeitsvorgangsplanung,
- Technologiedatenermittlung,
- Geometriedatenermittlung,
- Codierung und
- Programmtest auf der Maschine

stehen unterschiedlichste Programmierkonzepte zur Verfügung (vgl. hierzu z. B. GIESE 1987; KIEF 1989),

- die von der manuellen NC-Programmierung ohne jegliche Hilfsmittel,
- über die Werkstattprogrammierung, bei der das gesamte NC-Programm direkt an der Maschinensteuerung entwickelt und eingegeben wird,
- bis hin zu EDV-gestützten Konzepten mit umfangreichen Hilfsmitteln zur Geometrie- und Technologieunterstützung (vgl. PFENNIG, SCHELLER 1987)

reichen.

Zur Lösung des Programmierproblems stehen dem NC-Programmierer weitere Arbeitsmittel, wie z. B.

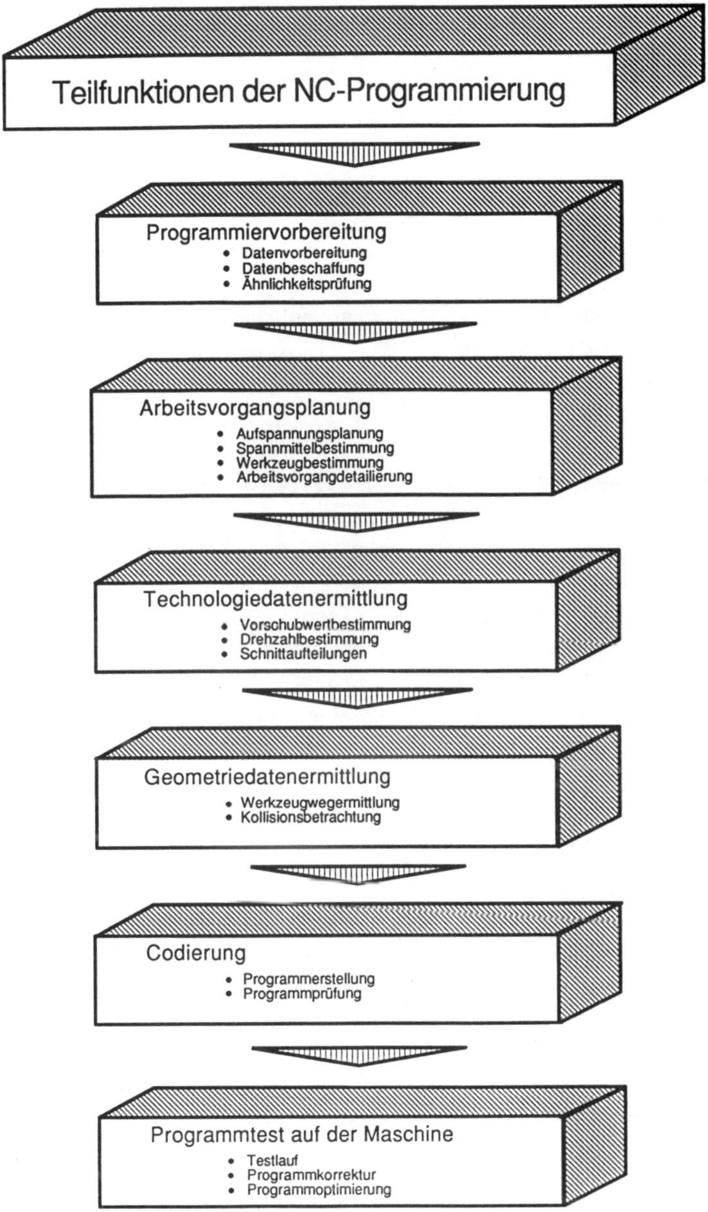

Teilfunktionen der NC-Programmierung

Programmiervorbereitung
- Datenvorbereitung
- Datenbeschaffung
- Ähnlichkeitsprüfung

Arbeitsvorgangsplanung
- Aufspannungsplanung
- Spannmittelbestimmung
- Werkzeugbestimmung
- Arbeitsvorgangdetailierung

Technologiedatenermittlung
- Vorschubwertbestimmung
- Drehzahlbestimmung
- Schnittaufteilungen

Geometriedatenermittlung
- Werkzeugwegermittlung
- Kollisionsbetrachtung

Codierung
- Programmerstellung
- Programmprüfung

Programmtest auf der Maschine
- Testlauf
- Programmkorrektur
- Programmoptimierung

Abb. 2-1: Teilfunktionen der NC-Programmierung (in Anlehnung an PFENNIG 1988, S. 28)

- Werkzeugkataloge bzw. -dateien,
- Spannmittelkataloge bzw. -dateien,
- Schnittwerttabellen usw.,

zur Verfügung, die im allgemeinen betriebsspezifisch erstellt bzw. angepaßt werden, da die Nutzung von Standardpaketen nur in seltenen Fällen ausreicht.

Von den oben umrissenen Konzepten kommen für die Realisation einer CAD/NC-Kopplung mit einer direkten Datenübertragung auf elektronischem Wege nur die EDV-gestützten in Frage (vgl. REINKING 1988).

Die in Abbildung 2-1 aufgezeigten Teilfunktionen werden von den EDV-gestützten NC-Programmiersystemen in unterschiedlichem Maße unterstützt (vgl. z. B. PFENNIG, SCHELLER 1987; SCHELLER 1988). Für die datentechnische Verknüpfung eines NC-Programmiersystems mit einem CAD-System ist es erforderlich, daß zumindest die Geometrieinformationen in die Syntax des NC-Programmiersystems transformiert werden oder aber in Form von Stützpunkten übergeben werden (vgl. NEDESS u. a. 1986; THOSS, GIER 1986).

Moderne NC-Programmiersysteme, die im allgemeinen graphisch-interaktiv arbeiten, können für einfache Anwendungsfälle als Miniatur-CAD-Systeme betrachtet werden, so daß unter Umständen bei weniger komplexen Teilen auf eine Datenübertragung vom CAD-System aus verzichtet und die Geometriedefinition direkt im NC-Programmiersystem vorgenommen werden kann (vgl. NEDESS u. a. 1986; WALTER 1989).

Nach der AWF-Empfehlung ist die EDV-gestützte NC-Programmierung dem Computer Aided Planning (CAP) zuzuordnen (vgl. AWF 1985, S. 5).

2.3 CAD/NC-Kopplung

Die Kopplung eines maschinellen NC-Programmiersystems mit einem CAD-System (CAD/NC-Kopplung) basiert auf der Idee, ein vollständiges NC-Teileprogramm unter Nutzung der CAD-Technik zu erstellen (vgl. NEDESS u. a. 1986). Man versucht demnach bei der CAD/NC-Kopplung, alle für die NC-Programmierung relevanten Informationen direkt vom CAD-System zu übernehmen. Bei der Konstruktion mit Hilfe eines CAD-Systems liegen diese Informationen in Dateiform vor, so daß eine weitere Nutzung in einem EDV-gestützten NC-Programmiersystem prinzipiell möglich ist (vgl. EVERSHEIM u. a. 1987b). Allerdings ist bei der Datenübernahme zum Teil mit einem erheblichen Informationsverlust zu rechnen, da ein direkter Zugriff auf die CAD-Dateien vom NC-Programmiersystem aus nur in seltenen Fällen möglich ist und die Zwischenschaltung von Schnittstellen immer einen Informationsverlust beinhaltet (vgl. WALTER 1989).

Die Arbeitsweise von CAD- und NC-Programmiersystemen sind darüberhinaus gegenwärtig im allgemeinen völlig verschieden: CAD-Systeme arbeiten geometrie- während NC-Programmiersysteme technologieorientiert arbeiten (vgl. KNAPPE 1986). Dieses äußert sich zum Beispiel darin, daß es im CAD-System zwar logische Zusammenhänge zwischen einzelnen Geometrieelementen gibt, es aber auf der anderen Seite in der Regel keine Informationen gibt, in welcher Reihenfolge die Geometrieelemente miteinander verknüpft werden müssen, damit eine geschlossene Kontur entsteht (vgl. REINAUER 1987b; STORR, ZIRBS 1987a; THOSS, GIER 1986). Außerdem liegen Technologiedetails im CAD-System in der Regel nur in Textform vor, so daß diese Texte wegen des fehlenden Konturbezugs nicht direkt im NC-Programmiersystem zur Generierung von Technologieanweisungen weiterverwendet werden können.

Bei der CAD/NC-Kopplung müssen deshalb geeignete Konventionen getroffen werden, um den Datenaustausch möglichst

effektiv zu gestalten. Effektiv bedeutet dabei in diesem
Zusammenhang,

- den Aufwand zur Selektion der NC-relevanten Daten im
  CAD-System zu minimieren,
- den Nacharbeitungsaufwand im NC-Programmiersystem zu
  minimieren, indem zum Beispiel bereits im CAD-System
  eine Reihenfolge von Konturelementen festgelegt wird, so
  daß die Bearbeitungskontur im NC-Programmiersystem
  sofort vorliegt, sowie
- möglichst viele relevante Informationen, die nach Möglichkeit auch über reine Geometrieinformationen hinausgehen, zu übergeben.

Heute unterscheidet man acht Varianten zur Kopplung von CAD-
und NC-Programmiersystemen (vgl. Abb. 2-2). Die Varianten
eins und zwei repräsentieren die sogenannte integrierte
Lösung, bei der im CAD-System auch ein NC-Modul integriert
ist. Die Varianten drei bis acht beziehen sich auf die
Kopplung von isolierten CAD- und NC-Programmiersystemen,
wobei hier in der Regel auf Schnittstellenkonzepte zurückgegriffen wird. Ca. 90 % der bekannten CAD/NC-Kopplungen
basieren auf diesen Schnittstellenkonzepten (vgl. HELLWIG
u. a. 1988).

Anzumerken ist in diesem Zusammenhang, daß in dieser Arbeit
die Werkstattprogrammierung numerisch gesteuerter Werkzeugmaschinen wegen der fehlenden Datenübertragung von CAD-
Systemen in die Maschinensteuerung nicht behandelt wird. In
der jüngsten Vergangenheit gibt es allerdings, z. B. im
Rahmen des Verbundprojekts "Werkstattorientierte Programmierverfahren" (WOP), Bestrebungen, die Übernahme der CAD-
Daten direkt in eine Werkzeugmaschinensteuerung zu realisie-
ren (vgl. MONZ, HOHWIELER 1987). Da diese Systeme aber
gerade erst auf den Markt gekommen sind, können aus ihrem
Einsatz heraus noch keine verallgemeinerbaren praktische
Erfahrungen abgeleitet werden.

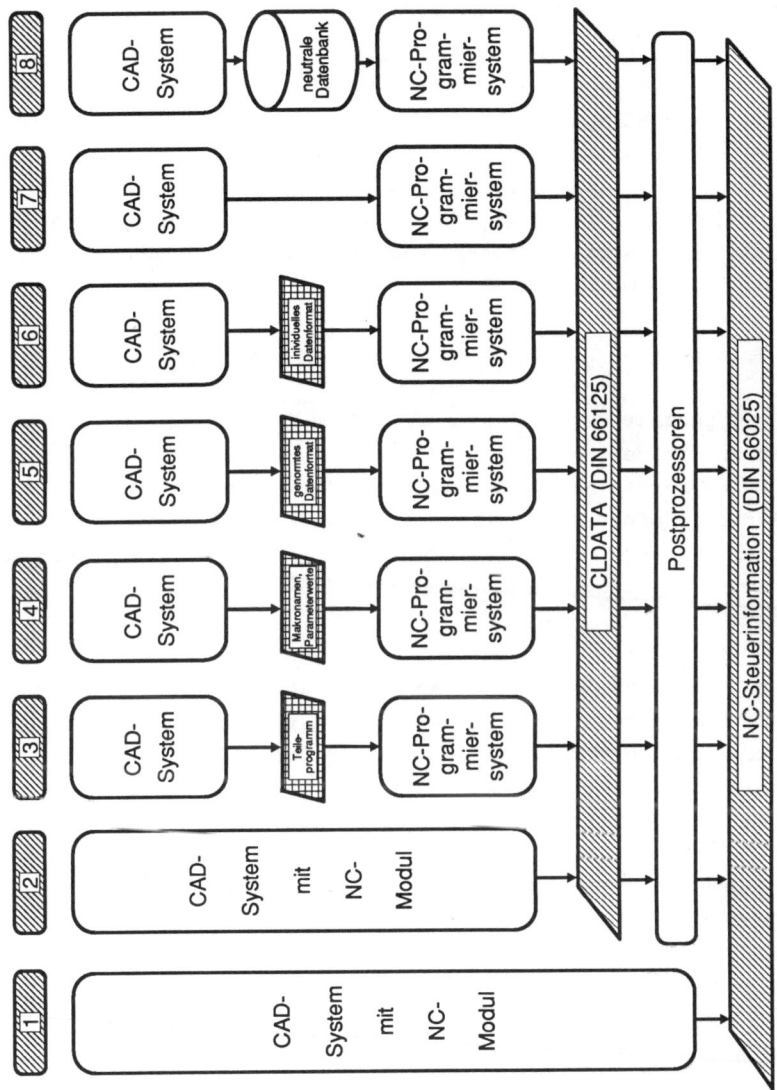

<u>Abb. 2-2:</u> Möglichkeiten zur Verknüpfung von CAD-Systemen mit
NC-Programmiersystemen (in Anlehnung an MILBERG,
PEIKER 1987)

Variante 1

Das CAD-System enthält ein spezielles NC-Modul, mit dem ein NC-Programm erstellt werden kann. Die Umsetzung der Daten aus dem NC-Modul in das notwendige NC-Steuerungsformat erfolgt über Postprozessoren, die in das CAD-System integriert sind. Anpassungen an weitere CNC-Steuerungen sind nur mit großem Aufwand möglich, da diese Änderungen mit in den Code für die CAD-Software integriert werden müssen.

Variante 2

Im Gegensatz zur Variante 1 wird vom NC-Modul des CAD-Systems eine maschinenunabhängige Steuerinformation im CLDATA-Format nach DIN 66125 erzeugt. Die Generierung der Steuerinformationen für eine bestimmte Steuerung erfolgt über externe Postprozessoren. Die Wartung oder Erweiterung dieser Postprozessoren ist weniger aufwendig als bei Variante 1.

Da sowohl Variante 1 als auch Variante 2 zur NC-Programmierung einen normalen CAD-Arbeitsplatz benötigen, der in der Regel aufgrund der höheren Anforderungen an die Rechenleistung des verwendeten Rechners und die Graphikfähigkeit des Bildschirms stellt und damit deutlich kostenintensiver als ein NC-Programmierplatz ist, muß der Einsatz dieser beiden Varianten wohlüberlegt sein. Insbesondere bei der Behandlung von Freiformflächen, die eine mehr als dreiachsige NC-Bearbeitung erfordern, ist man allerdings auf diese Lösungen angewiesen, da die internen CAD-Modelle direkt zur NC-Programmierung herangezogen werden müssen. Teilweise ist in diesem Falle eine wirtschaftliche NC-Programmerstellung nur durch Nutzung des CAD-Systems möglich (vgl. JÖCKER 1986).

Variante 3

Die Kopplung zwischen CAD- und NC-Programmiersystem wird
über eine Sprachschnittstelle realisiert, d. h. daß das CAD-
System die Geometrieinformationen in der Syntax des NC-
Programmiersystems übergibt. Die notwendigen Technologiedetails werden im NC-Programmiersystem hinzugefügt. Die Generierung der Steuerinformationen erfolgt mit den Postprozessoren des NC-Programmiersystems. Diese Variante wird häufig
genutzt, wenn das NC-Programmiersystem nicht graphisch-
interaktiv arbeitet, da dann die Graphikmöglichkeiten des
CAD-Systems ausgenutzt werden können (vgl. MILBERG, PEIKER
1987).

Variante 4

An das NC-Programmiersystem werden keine Geometrieinformationen übergeben, sondern nur Makronamen und die zugehörigen
Parameterwerte. Dadurch ist die Werkstückgeometrie vollständig beschrieben. Wenn die Makros im NC-Programmiersystem
auch Technologieanweisungen enthalten, ist in einigen Fällen
eine vollautomatisierte Generierung der NC-Steuerinformation
möglich.

Voraussetzung für diese Kopplungsvariante ist, daß im CAD-
System Konstruktionsmakros verwendet werden und es korre-
spondierende Fertigungsmakros auf seiten des NC-Programmiersystems gibt. Die Geometrie wird demnach in beiden Systemen
abgelegt und muß dementsprechend getrennt gewartet werden.
Der Einsatz dieser Variante ist nur bei einem sehr stark
standardisierten Werkstückspektrum sinnvoll, kann dort aber
einen sehr hohen Nutzen bewirken.

Variante 5

Die Geometrieinformationen werden über genormte Schnittstellen, wie z. B. IGES (Initial Graphics Exchange Specification), VDAFS (Verband der deutschen Automobilindustrie Flächenschnittstelle) oder SET (Système d'Echange et de Transfert) übergeben. Im NC-Programmiersystem wird dieses genormte Datenformat wieder in ein Teileprogramm umgesetzt, das dann im Dialog mit technologischen Daten komplettiert wird.

Variante 6

Die Variante 6 unterscheidet sich von der Variante 5 dadurch, daß die Daten nicht über eine genormte Schnittstelle ausgetauscht werden, sondern der Datenaustausch über eine individuell festgelegte Schnittstelle vom CAD- in das NC-Programmiersystem erfolgt. Diese Schnittstelle kann optimal auf die zu koppelnden Systeme abgestimmt werden, so daß der Informationsgehalt der übergebenen Daten erhöht werden kann.

Variante 7

Bei der Variante 7 kann das NC-Programmiersystem unter Umgehung jeglicher Schnittstellen die Daten direkt aus der CAD-Datenbank auslesen und weiterverarbeiten. Das NC-Programmiersystem greift mit einem direkten Datenbankaufruf auf die CAD-Dateien zu. Bislang haben allerdings erst wenige CAD-Systemanbieter ihre Datenbanksysteme so konzipiert, daß andere Programmsysteme direkt darauf zugreifen können. Die Möglichkeiten zur Informationsübertragung sind durch die Möglichkeit der Nutzung sämtlicher Daten aus der CAD-Datei noch besser als bei der Variante 6.

Variante 8

Diese Variante befindet sich zur Zeit noch im Entwicklungsstadium. Sie zeichnet sich durch eine externe und neutrale Datenbank aus, die alle produktdefinierenden Daten enthält. Sowohl das CAD- als auch das NC-Programmiersystem können Daten in das sogenannte Produktmodell einbringen, herauslesen und ändern. Dadurch sind optimale Kopplungsmöglichkeiten zwischen Konstruktion und NC-Programmierung gegeben (vgl. auch EVERSHEIM u. a. 1987a).

Eine Diskussion der Vor- und Nachteile der einzelnen Varianten soll an dieser Stelle nicht erfolgen; Diskussionsansätze sind z. B. bei HELLWIG u. a. (1983a, 1983b, 1985) sowie MILBERG, PEIKER (1987) zu finden. Im Rahmen dieser Arbeit werden prinzipiell alle Ansätze zur CAD/NC-Kopplung berücksichtigt.

Anzumerken ist noch, daß in der Literatur die CAD/NC-Kopplung häufig als CAD/CAM-Kopplung bezeichnet wird. Die AWF-Empfehlung (AWF 1985, S. 9) definiert CAD/CAM als "die Integration der technischen Aufgaben zur Produkterstellung und umfaßt die EDV-technische Verkettung von CAD, CAP, CAM und CAQ". Diese Definition reicht also weit über eine CAD/NC-Kopplung hinaus, so daß korrekterweise von einer CAD/CAP-Kopplung (vgl. auch EVERSHEIM u. a. 1988b) gesprochen werden muß, da nach AWF die NC-Programmierung ein Teilbereich des Computer Aided Planning (CAP) ist (vgl. AWF 1985, S. 5).

2.4 Arbeitsorganisation

Den Begriff Arbeitsorganisation definiert HEEG (1988, S. 17) wie folgt:

"Arbeitsorganisation ist das Schaffen eines aufgabengerechten, optimalen Zusammenwirkens von arbei-

tenden Menschen, Betriebsmitteln, Informations- und
Arbeitsgegenständen durch

- zweckgerichtete Gliederung der Arbeitsaufgabe,
- Gestaltung der Aufgabenteilung zwischen
  den Menschen und Betriebsmitteln,
- Gestaltung von Information und Kommunikation und
- Gestaltung von Arbeitszeit."

Die Durchführung von arbeitsorganisatorischen Maßnahmen
verbindet sich mit dem Ziel, die Wirtschaftlichkeit durch
Optimierung organisatorischer Strukturen sowie durch Erhalt
bzw. Steigerung der Leistungsfähigkeit der Mitarbeiter zu
steigern.

Diese umfassende Begriffsdefinition der Arbeitsorganisation
nach HEEG soll im weiteren für die Ableitung der Gestaltungshilfen beim Einsatz einer CAD/NC-Kopplung verwendet
werden.

3 Stand der Forschung

Die Literatur, die sich mit der Problematik der CAD/NC-Kopplung befaßt, läßt sich grob in die Themenbereiche

- Probleme beim Einsatz der CAD/NC-Kopplung,
- Schnittstellen,
- Anwenderberichte,
- Wirtschaftlichkeitsbetrachtungen und
- Arbeitsorganisation

untergliedern. Die Abbildung 3-1 zeigt in Form einer Übersicht die wichtigsten aktuellen Aufsätze, wobei gleichzeitig eine Einordnung in die o. a. Themenbereiche durchgeführt wurde.

Im folgenden werden die wichtigsten Details der Aufsätze kurz umrissen, so daß die Ausgangsbasis zur Ableitung der Gestaltungshilfen für die Arbeitsorganisation in den Bereichen Konstruktion und NC-Programmierung verdeutlicht wird.

3.1 Probleme beim Einsatz der CAD/NC-Kopplung

EVERSHEIM u. a. (1987b) sehen die aktuellen Problemstellungen beim Einsatz der CAD/NC-Kopplung in folgenden Punkten:

- In CAD-Systemen werden überwiegend nicht NC-gerechte Bauteilgeometrien eingesetzt.
- Die Modellbeschreibungen in CAD- und NC-Programmiersystemen sind uneinheitlich.
- Innerhalb des CAD-Systems werden Technologieinformationen nur unzureichend abgelegt.
- Aus der Bauteilgeometrie alleine läßt sich zur Zeit noch keine automatische Verfahrens- und Werkzeugauswahl ableiten.

Thematik	Autor	Jahr
Probleme beim Einsatz der CAD/NC-Kopplung	EULENBERGER	1987
	EVERSHEIM, ROZENFELD, BUCHHOLZ	1987
	EVERSHEIM, SCHÜTZE, DIELS	1987
	FISCHER	1986
	JÖCKER	1986
	REINAUER	1987 a
	STORR, ZIRBS	1987 b
Schnittstellen	ANDERL, TRÖNDLE	1983
	BEY, LEURIDAN	1896
	GRABOWSKI, ANDERL, GLATZ	1986
	HELLWIG u.a.	1983 a, 1983 b, 1985, 1988
	HERRSCHER, WALTER	1988
	KNAPPE, VEERKAMP	1986
	MILBERG	1987
	OPFERKUCH, PEIKER	1988
	RAUSCH, de MARNE	1985
	SCHUSTER, TRIPPNER	1985
	SCHUSTER, TRIPPNER, GLATZ	1985
	STORR, ZIRBS	1987 a
	WALTER, HOFMEISTER	1987
Anwenderberichte	BEST	1988
	FRANZ	1986
	HEISE, LENKENHOFF, LOOP	1987
	HENKEL	1986
	KIRCHBAUMER	1988
	LÜSCHER	1986
	PHAM	1982
	SCHAEFFER	1987
	SCHWARZ	1988
Wirtschaftlichkeitsbetrachtung	EIGNER	1988
	SCHWEIZER	1982
	SUCHENTRUNK	1987
	WILDEMANN	1986
Arbeitsorganisation	von BEHR, HIRSCH-KREINSEN	1987
	EIGNER	1983 b
	HECKER	1987
	KADOR	1986
	LAY u.a.	1987, 1988
	MANSKE, WOLF	1988
	REINAUER	1984, 1987 b
	RIEDEL	1986
	SCHLAGENHAUF, SCHAFFITZEL	1983

Abb. 3-1: Literatur zum Themenkreis 'CAD/NC-Kopplung'

Dieses sind im wesentlichen die Probleme, die von den anderen Autoren auch genannt werden, so daß im folgenden kurz auf die einzelnen Punkte eingegangen werden soll.

Die Übernahme von Daten aus einem CAD- in ein NC-Programmiersystem bedingt, daß alle für die NC-Programmierung relevanten Bauteilgeometrieinformationen in der notwendigen Genauigkeit abgelegt werden, damit der Überprüfungs- und Korrekturaufwand im NC-Programmiersystem überschaubar gehalten werden kann. Ungenaue Maße können u. a. folgende Ursachen haben:

- Die interne Modelldarstellung des CAD-Systems läßt z. B. beim Drahtmodell keine direkte Ableitung von Informationen für die NC-Programmierung zu oder beinhaltet in sich Genauigkeitsprobleme, wie z. B. bei der Facettendarstellung im Volumenmodell (vgl. EVERSHEIM u. a. 1987b).
- In vielen Fällen reicht auch die interne Rechengenauigkeit des CAD-Systems nicht aus. Dieses äußert sich z. B. darin, daß nach der Datenübertragung im NC-Programmiersystem keine vollständig geschlossene Kontur vorliegt (vgl. JÖCKER 1986).
- Weiterhin können Maßungenauigkeiten bei der Arbeit mit dem CAD-System selbst entstehen, wenn vom CAD-Konstrukteur die Bauteilgeometrie nicht durch Eingabe von Maßzahlen oder durch die Nutzung von Parametrisierungsmodulen detailliert wird. Für die NC-Programmierung reicht eine Zeichnungsdetaillierung in der Genauigkeit der Bildschirmdarstellung nicht aus (vgl. REINAUER 1987a), so daß Ungenauigkeiten entstehen können, die erst im Zuge der NC-Programmierung auffallen.

Die Zielsetzungen der CAD-Konstruktion und der NC-Programmierung sind bereits von der Grundkonzeption heraus betrachtet sehr unterschiedlich, so daß auch die internen Modellbeschreibungen in CAD- und NC-Programmiersystemen Unterschiede aufweisen: CAD-Systeme sind Systeme zur Detaillierung von

Konstruktionsideen und arbeiten deshalb geometrieorientiert. Dagegen werden in NC-Programmiersystemen Fertigungsprozesse bis ins Detail beschrieben. Für den Fertigungsprozeß reichen Geometrieinformationen alleine in keinem Bearbeitungsverfahren aus, so daß in der Regel wesentliche Informationen auch bei Nutzung einer CAD/NC-Kopplung vom NC-Programmierer erarbeitet werden müssen (vgl. z. B. KNAPPE 1986; STORR, ZIRBS 1987b).

Außerdem liefert eine CAD/NC-Übertragung in der Regel nur die Endkontur; etwaige Zwischengeometrien oder -konturen, wie sie häufig im Zuge der NC-Programmierung benötigt werden, muß der NC-Programmierer selbst beschreiben (vgl. STORR, ZIRBS 1987b).

Ein weiteres Problem ergibt sich aus der Tatsache, daß es in der Modelldarstellung des CAD-Systems in der Regel nur logische Zusammenhänge zwischen den einzelnen Geometrieelementen gibt; eine zeitliche Ablauffolge oder topologische Informationen, aus denen sich automatisch ein vollständiger Konturzug ergibt, gibt es nur in Ausnahmefällen (vgl. EVERSHEIM u. a. 1987b; REINAUER 1987a).

Da es zudem keine Möglichkeit gibt, produktdefinierende Daten über standardisierte Schnittstellen auszutauschen, wie z. B. Informationen über die Koaxialität zweier Bohrungen, gehen aktuelle Entwicklungen dazu über, alle Daten in einer gemeinsamen, externen Datenbank abzulegen (vgl. EVERSHEIM u. a. 1987a; Abb. 2-2). Dieses Produktmodell zeichnet sich durch

- gute Erweiterungsmöglichkeiten,
- Nutzung der Datenbank durch beliebige andere Systeme,
- die Möglichkeit der Datenmanipulation durch andere Systeme, ohne daß die Datenkonsistenz gefährdet wird, sowie

- den Mehrbenutzerbetrieb

aus.

Letztendlich kann aufgrund der übergebenen Daten alleine nicht automatisch entschieden werden, welches Bearbeitungsverfahren anzuwenden ist und welche Werkzeuge am besten einzusetzen sind. Hier muß nach wie vor der NC-Programmierer mit seinen spezifischen Kenntnissen die notwendigen Entscheidungen treffen und diese in Form von Befehlen in das NC-Programmiersystem bzw. das NC-Modul des CAD-Systems eingeben.

3.2 Schnittstellen

Ausgangspunkt der meisten Schnittstellenanalysen (vgl. z. B. HERRSCHER, WALTER 1987; MILBERG, PEIKER 1987) sind die Betrachtungen von HELLWIG u. a., die bereits 1983 mit einer Systematisierung der möglichen Schnittstellen begonnen haben. Ihre Überlegungen haben sie in einer Artikelreihe dokumentiert (vgl. HELLWIG u. a. 1983a, 1983b, 1985, 1988).

In der von HELLWIG u. a. (1983a) entwickelten Übersicht über mögliche CAD/NC-Kopplungen werden fünf verschiedene Kopplungsvarianten einander gegenübergestellt, um sie anschließend bezüglich ihrer Vor- und Nachteile bewerten zu können (vgl. dazu auch Abb. 3-2).

Diese Darstellungsform wird von vielen anderen Autoren (vgl. z. B. EIGNER 1983a; MILBERG, PEIKER 1987; NEDESS u. a. 1987; WARNECKE, MERTENS 1987) wieder aufgegriffen, um neuere Entwicklungen bzw. eigene Interpretationen zu verdeutlichen.

Im zweiten Teil der Artikelreihe beschäftigen sich HELLWIG u. a. (1983b) unter anderem mit Kriterien zur Auswahl eines Konzepts bezüglich der CAD/NC-Kopplung. So sind für die

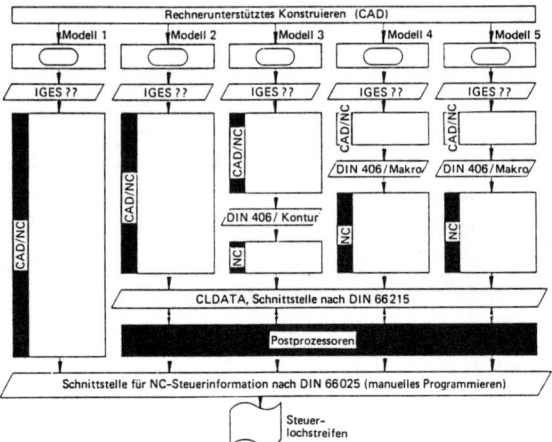

Abb. 3-2: Übersicht über mögliche CAD/NC-Kopplungen (Quelle: HELLWIG u. a. 1983a)

Auswahl eines geeigneten Konzepts ihrer Ansicht nach folgende Kriterien zu berücksichtigen:

- die Standardisierbarkeit der Produkte aus konstruktions- und fertigungstechnischer Sicht,
- die Berücksichtigung der geometrischen Werkstückkomplexität,
- die Nutzung von Geometriedaten in weiteren Betriebsbereichen außerhalb von Konstruktion und NC-Programmierung sowie
- spezielle Anforderungen an Hard- und Software, wie z. B. Flexibilität im Hinblick auf Erweiterbarkeit.

Der dritte Artikel dieser Reihe (vgl. dazu HELLWIG u. a. 1985) geht konkret auf die Kopplung isolierter CAD-Systeme mit isolierten NC-Programmiersystemen ein. Die sich hieraus ergebenden Probleme, wie z. B.

- die fehlenden Übertragungsmöglichkeiten von Maß-, Form- und Lagetoleranzen,
- die nicht immer vollständigen Geometrieangaben sowie

- die fehlenden Interpretationsmöglichkeiten rein textlicher Informationen in der CAD-Datei, wie 'alle nicht vermaßten Radien R = 5' im NC-Programmiersystem,

können in vielen Fällen auf die Konzeption der beiden Systeme als Insellösungen zurückgeführt werden, bei denen eine Informationsnutzung über die Systemgrenzen hinaus nur eine untergeordnete Rolle spielt.

Der letzte Artikel aus dieser Reihe (vgl. HELLWIG u. a. 1988) rundet die Betrachtungen der CAD/NC-Kopplungen dahingehend ab, daß noch die Nutzung von CAD-Systemen mit integriertem NC-Modul zur NC-Programmerstellung analysiert wird. Als fundamentaler Vorteil dieser Methodik wird die Nutzung einer einzigen Datenbank herausgestellt, da so mit sehr geringem Informationsverlust aus der CAD-Datei die notwendigen Informationen für die NC-Programmierung abgeleitet werden können. Da hier der Weg weg von den Insellösungen führt und die Datenbank von vornherein so ausgelegt wurde, daß sie von unterschiedlichen Systemkomponenten aus genutzt werden kann, können für die NC-Programmierung wichtige Zusammenhänge, wie z. B. Zusammenhänge zwischen Geometrieelementen und Attributen, festgehalten werden. Dadurch sind beste Voraussetzungen für eine automatisierte NC-Programmerstellung gegeben, da die notwendigen Informationen bereits während des Konstruktionsprozesses eingegeben und in einer geeigneten Datenstruktur abgelegt werden.

Eine zweite Autorengruppe (vgl. z. B. ANDERL, TRÖNDLE 1983; GRABOWSKI u. a. 1986; OPFERKUCH, PEIKER 1988; RAUSCH, DE MARNE 1985; SCHUSTER, TRIPPNER 1985; STORR, ZIRBS 1987a; WALTER, HOFMEISTER 1987) führt eine Bewertung der standardisierten Schnittstellenprotokolle, wie zum Beispiel IGES oder VDAFS, durch. Aufgezeigt werden neben der grundsätzlichen Funktionsweise die typischen Einsatzbereiche sowie die erkannten Grenzen.

BEY, LEURIDAN (1986), KNAPPE, VEERKAMP (1986) sowie SCHUSTER u. a. (1985) erweitern die oben beschriebene Betrachtung der realisierten Schnittstellen um Betrachtungen der weiteren Normungsbestrebungen und zeigen auf, wie die Probleme der zur Zeit eingesetzten genormten Schnittstellen mit anderen Konzepten beseitigt werden können.

3.3 Anwenderberichte

Bei der Analyse der Anwenderberichte fällt auf, daß die Aussagen der Anwender äußerst verschieden sind:

- Auf der einen Seite spricht KIRCHBAUMER (1988) davon, daß beim Einsatz standardisierter Schnittstellen der Zeitaufwand für die NC-Programmierung um 75 % gesenkt werden kann.
- Auf der anderen Seite erachtet SCHAEFFER (1987) die Kopplung isolierter Systeme als nicht wirtschaftlich, da die Übergabe der Fertigteilgeometrie die Arbeit für den NC-Programmierer nur geringfügig vereinfacht. SCHAEFFER sieht in integrierten Lösungen mit der verbesserten Übergabe von Technologieinformation den zur Zeit einzig gangbaren Weg.
- Ein weiterer Autor (vgl. BEST 1988) sieht sogar die Investition in ein 3D-CAD-System erst dann als sinnvoll an, wenn die abgespeicherten Geometrieinformationen auch für die NC-Programmierung genutzt werden können.

Diese verschiedenen Aussagen zeigen bereits, welche Spannbreite der Nutzen durch Einführung der CAD/NC-Kopplung in verschiedenen Unternehmen haben kann. Für den einzelnen Anwender ist es zudem außerordentlich schwierig, zu beurteilen, wie es zu den unterschiedlichen Bewertungen gekommen ist, da die Randbedingungen des Einsatzes nicht umfassend genug beschrieben werden.

Andere Anwenderberichte gehen etwas mehr auf die Details ein, die sich durch die Einführung der CAD/NC-Kopplung verändert haben. So beschreiben zum Beispiel HEISE u. a. (1987) in sehr detaillierter Form den innerbetrieblichen Datenfluß und zeigen auch die Veränderungen auf, die durch die Kopplung entstehen. Zudem weisen sie darauf hin, daß zur Optimierung der Datenübergabe Richtlinien für die CAD-Zeichnungserstellung aufgestellt werden müssen.

LÜSCHER (1986) vergleicht in seinem Beitrag drei in seinem Unternehmen realisierte Kopplungsvarianten und beschreibt ausführlich die Vor- und Nachteile der drei Varianten.

Der bislang umfangreichste Anwenderbericht über Erfahrungen mit der CAD/NC-Kopplungen wurde von PHAM (1982) angefertigt. PHAM beschreibt in seinem Beitrag die komplette Vorgehensweise von der Auswahl und Auslegung einer geeigneten Konfiguration bis hin zur Einführung. Der Schwerpunkt seiner Ausführungen liegt allerdings im Bereich der CAD/NC-Kopplung. PHAM vermittelt einen sehr guten Eindruck über die Einsatzbedingungen. Als besondere Vorteile gibt er Zeiteinsparungen für die NC-Programmierung zwischen 15 und 40 % bei der Blechbearbeitung und ca. 70 % beim Drahterodieren an. Zudem verringert sich der Aufwand für die Geometriekontrolle, und die Zusammenarbeit zwischen Konstruktion und NC-Programmierung gestaltet sich durch die notwendige engere Zusammenarbeit effektiver.

3.4 Wirtschaftlichkeitsbetrachtungen

Aus Sicht der Literatur ist die Bestimmung der Wirtschaftlichkeit und des Nutzens einer CAD/NC-Kopplung ein sehr großes Problem. Dieses äußert sich darin, daß es bislang kaum konkrete Aussagen über einen Zusammenhang zwischen Kosten- bzw. Zeiteinsparungen und dem Einsatz der CAD/NC-Kopplung gibt.

Es gibt allenfalls Anhaltswerte, um welchen Zeitanteil sich die Programmierzeit verkürzt (vgl. z. B. HERRSCHER, WALTER 1988; KIRCHBAUMER 1988; LÜSCHER 1986; PHAM 1982; WALTER 1989; WALTER, HOFMEISTER 1987). Die oben genannten Autoren geben zwar Richtwerte in Abhängigkeit des Bearbeitungsverfahrens an, verzichten aber darauf, detaillierter auf die Randbedingungen einzugehen, unter denen diese Werte erreicht wurden, so daß eine Übertragung dieser Richtwerte auf einen anderen Betrieb nur mit Einschränkungen möglich ist.

Andere Autoren, wie z. B. EIGNER (1988), SCHWEIZER (1982), SUCHENTRUNK (1987) oder WILDEMANN (1986), stellen verschiedene Modelle zur Wirtschaftlichkeitsberechnung vor und zeigen auch die Vor- und Nachteile auf. Teilweise werden auch Berechnungsbeispiele aufgezeigt (vgl. z. B. EIGNER 1988). Allerdings betrachten alle Autoren die Investitionen in ein CAD/CAM-System. Das heißt, sie stellen Wirtschaftlichkeitsüberlegungen an, die sowohl das CAD- als auch das NC-Programmiersystem mit in die Berechnungen einfließen lassen. Sie stellen somit Betrachtungen an, die weit über die eigentliche Schnittstelle hinausgehen. Konkrete Ansätze zur Bestimmung der Wirtschaftlichkeit des Einsatzes der CAD/NC-Schnittstelle werden nicht vorgestellt.

Arbeitsorganisation

Die Bedeutung der Arbeitsorganisation bei der Verknüpfung von CAD- mit NC-Programmiersystemen ist in den letzten drei Jahren deutlich angewachsen. Dieses zeigt eine Analyse der Literatur der letzten Jahre.

So beschreiben ältere Quellen, wie z. B. EIGNER (1983b) oder SCHLAGENHAUF, SCHAFFITZEL (1983) in erster Linie noch Auswirkungen der CAD-Technik auf die Organisation im allgemeinen. REINAUER (1984) beschreibt erste Erfahrungen beim praktischen Einsatz der CAD/NC-Kopplung und geht dabei auch auf die Änderungen in der Arbeitsorganisation ein, wobei seiner Ansicht nach im wesentlichen die Anforderungen an den Konstrukteur durch die direktere Anbindung an die Fertigung ansteigen.

KADOR (1986) beschreibt allgemein die Auswirkungen des CAD/CAM-Einsatzes aus der Sicht der Arbeitgeberverbände. Er zeigt auf, in welchen Punkten sich die Arbeitsaufgaben der Arbeitnehmer verändern und wie die Arbeitsbelastungen dadurch beeinflußt werden. Allerdings erfolgt die Beschreibung auf so allgemeinem Niveau, daß ein einzelnes Unternehmen in der Regel keine spezifischen Hinweise für die Gestaltung der Arbeitsorganisation entnehmen kann.

Auf der anderen Seite beleuchten VON BEHR, HIRSCH-KREINSEN (1987) den gleichen Untersuchungsgegenstand aus der Sicht der Arbeitnehmer. Sie gehen davon aus, daß durch die Kopplung von CAD- und NC-Programmiersystemen mittelfristig der Gestaltungsspielraum der Arbeitnehmer im Betrieb geringer werden wird, da mit der Kopplung selbst eine Zentralisierung der planerischen Funktionen einhergeht und somit für das Werkstattpersonal nur noch ausführende Tätigkeiten übrig bleiben. Weiterhin sind sie der Auffassung, daß die Arbeitsteilung in den planenden Bereichen im wesentlichen erhalten bleiben wird.

Auch die Untersuchungen zum CAD/CAP-Einsatz von MANSKE, WOLF (1988) kommen zu dem Schluß, daß in den Bereichen Arbeitsplanung und Konstruktion die Aufgabenteilungen zwischen den Funktionsträgern

- CAD-Konstrukteur,
- CAD-Zeichner,
- Arbeitsplaner und
- Betriebsmittelkonstrukteur

auch bei Einsatz integrierter Lösungen weitestgehend erhalten bleiben. Die technische Integration bedeutet demnach keinesfalls auch eine Aufgabenintegration. Die gleiche Auffassung vertritt auch REINAUER (1987b).

HECKER (1987) und RIEDEL (1986) zeigen in allgemeiner Form auf, welche Gestaltungsmöglichkeiten es für die Aufgaben in den Bereichen Konstruktion und NC-Programmierung bei Einsatz von CAD/CAM-Systemen gibt. Beide Autoren versuchen dabei, weniger Empfehlungen zu geben, als vielmehr die Problemstellung zu strukturieren. HECKER (1987) schlägt so z. B. vor, die vier Gestaltungsebenen

- Gesamtarbeitsaufgabe und ihre Anforderungen als Grundkonzeption der Arbeitsteilung,
- Festlegen von Teilaufgaben und deren Anforderungen an die Funktionsteilung Mensch-Maschine,
- Gestaltung der Information und
- Gestaltung von Ausführungsbedingungen.

näher zu betrachten und daraus dann Gestaltungshilfen zu entwickeln.

Das aus den bisherigen Ausführungen bereits erkennbare Erfahrungsdefizit beim Einsatz integrierter CAD/NC-Systeme bzw. bei Systemkopplungen zwischen CAD- und NC-Programmiersystemen war der Anlaß einer größeren Untersuchung des Fraunhofer-Instituts für Systemtechnik und Innovationsforschung (ISI), die sich mit der Frage der Gestaltungsspielräume beschäftigt hat (vgl. LAY u. a. 1987, 1988).

In diesem Projekt wurden zunächst 92 Betriebe per Fragebogen untersucht und

- die technische Realisierung der Schnittstelle,
- Art und Umfang der betrieblichen Nutzung und
- die organisatorische Einbindung der Integration in die betrieblichen Ablauf- und Aufbaustrukturen

erfaßt (vgl. LAY u. a. 1987). Als Hauptergebnis der Untersuchung konnten fünf arbeitsorganisatorische Grundtypen abgeleitet werden, die die Aufgabenteilung zwischen Konstrukteur, AV-Programmierer und Mitarbeiter in der Fertigung für
die Tätigkeiten

- Separieren der NC-relevanten Geometrie aus der CAD-
  Datenbasis,
- Programmierung der Werkzeugverfahrwege,
- Programmieren der Technologiedaten und
- Durchführen des Postprozessorlaufs

beschreiben (vgl. auch Abb. 3-3).

Grundtyp	A 1			A 2			A 3			A 4			A 5		
Einzeltätigkeiten \ Funktionsträger	Konstrukteur	AV-Prog.	Mitarbeiter der Fertigung	Konstrukteur	AV-Prog.	Mitarbeiter der Fertigung	Konstrukteur	AV-Prog.	Mitarbeiter der Fertigung	Konstrukteur	AV-Prog.	Mitarbeiter der Fertigung	Konstrukteur	AV-Prog.	Mitarbeiter der Fertigung
Separieren der NC-relevanten Geometrie aus der CAD-Datenbasis	O			O			O			O	O		O	O	
Programmieren der Werkzeugwegsimulation	O			O			O				O				O
Durchführen der Werkzeugwegsimulation	O			O			O				O				O
Programmieren der Technologiedaten	O			O				O			O				O
Durchführen des Postprozessorlaufes	O			O				O			O				O
Prozentanteil	15 %			48 %			5 %			23 %			9 %		
n = 115 realisierte Einzelfälle															

Abb. 3-3: Arbeitsorganisatorische Grundtypen der CAD/NC-
Organisation (Quelle: LAY u. a. 1987)

An den in Abbildung 3-3 dargestellten Ergebnissen fällt auf,
daß es bei den fünf Typen kaum zu Arbeitsteilungen zwischen
den drei betrachteten Funktionsträgern kommt; die Ausnahme
stellt allenfalls bei den Typen A4 und A5 der Konstrukteur

dar, der für den AV-Programmierer bzw. den Mitarbeiter in der Fertigung die Separation der NC-relevanten Geometriedaten aus der CAD-Datenbasis durchführt. Außerdem weicht die zusätzliche Betrachtung der Mitarbeiter in der Fertigung im Rahmen von Betrachtungen der CAD/NC-Kopplung von den üblichen Gewohnheiten ab. Aus der Abbildung geht weiterhin hervor, daß mit 48 % in fast der Hälfte aller untersuchten Anwendungsfälle eine durchgehende AV-Programmierung eingesetzt wird (vgl. Grundtyp A2).

In einem weitergehenden Projekt des ISI (vgl. LAY u. a. 1988) wurden diese Untersuchungsergebnisse noch weiter verfeinert, indem zehn Fallstudien durchgeführt und analysiert wurden. Im einzelnen wurden daraufhin die fünf Arbeitsorganisationsformen an Hand der Fallstudien diskutiert. Allerdings wurde nicht der Versuch unternommen, konkrete Gestaltungshilfen für die Arbeitsorganisation zu entwickeln.

Zusammenfassend läßt sich feststellen, daß es sehr viele Forschungsaktivitäten zur Optimierung der Schnittstelle zwischen CAD- und NC-Programmiersystem gibt, die einerseits in Richtung standardisierter Schnittstellen zielen als auch Optimierungen zwischen zwei isolierten Systemen oder innerhalb integrierter Lösungen anstreben. Dennoch lassen sich nicht alle Bedenken der Anwender alleine durch Schnittstellenoptimierungen beseitigen. Hier sind vielmehr innerbetriebliche organisatorische Maßnahmen erforderlich.

Die aktuelle Forschungsrichtung greift genau dieses Forschungsdefizit auf. Allerdings liegen bislang nur Analysen und Strukturierungsvorschläge vor; die Ableitung konkreter Gestaltungshilfen für die Arbeitsorganisation, die in der vorliegenden Arbeit erfolgt, ist noch nicht Gegenstand der Forschung, so daß mit dieser Arbeit ein aktuelles Forschungsdefizit beseitigt wird.

4 Vorgehensweise zur Entwicklung von Entscheidungshilfen für die anforderungsgerechte Gestaltung der Arbeitsorganisation bei Einsatz einer CAD/NC-Kopplung

4.1 Allgemeine Konzeption der Vorgehensweise

Die Zielsetzung dieser Arbeit liegt in der Analyse des Zusammenhangs zwischen der Arbeitsorganisation in den Bereichen Konstruktion und NC-Programmierung und den generellen Anforderungen, die durch die Einsatzbedingungen im Betrieb beschrieben werden, so daß hieraus Entscheidungshilfen für die anforderungsgerechte Gestaltung der Arbeitsorganisation bei Einsatz einer CAD/NC-Kopplung abgeleitet werden können.

Analysen mit vergleichbarer Zielsetzung werden in der vergleichenden Organisationsforschung mit Hilfe des situativen Ansatzes durchgeführt (vgl. z. B. STAEHLE 1979). Der situative Ansatz kann Wirkzusammenhänge zwischen der Organisationsstruktur, dem Verhalten der Organisationsmitglieder, der Effizienz der Organisation und der jeweiligen Situation aufdecken. Die Unterschiede realer Organisationsstrukturen werden auf Unterschiede in den Situationen zurückgeführt (vgl. BÄUMER 1981, S. 21). Die Verwendung des situativen Ansatzes hat sich in vielen Anwendungsfällen (vgl. z. B. STAEHLE 1979; BÄUMER 1981; BUSCHOLL 1982; STRACK 1986; NITZSCHE 1987; KLEIN 1988) bewährt.

Vor diesem Hintergrund erscheint der situative Ansatz auch für die vorliegende Themenstellung sehr gut geeignet, da die Zielsetzung mit den Zielsetzungen der o. a. Arbeiten vergleichbar ist und somit interpretierbare Ergebnisse zu erwarten sind.

Üblicherweise unterscheidet man beim situativen Ansatz das analytische Grundmodell vom pragmatischen Grundmodell (vgl. KIESER, KUBICEK 1983, S. 57 ff.). Mit dem analytischen Grundmodell werden generelle Erklärungen für beobachtete

Phänomene ermittelt, während das pragmatische Grundmodell
mit der Idee verbunden ist, Gestaltungsmöglichkeiten zu
formulieren sowie Gestaltungsempfehlungen auszusprechen, bei
denen die Praxisrelevanz im Vordergrund steht (vgl. KIESER,
KUBICEK 1983, S. 58). Somit eignet sich für die vorliegende
Themenstellung besonders das pragmatische Grundmodell.

Die Abbildung 4-1 zeigt, wie die Zusammenhänge zwischen
Unternehmenssituation, der eingesetzten Organisationsform
und den Effizienzdaten beim situativen Ansatz beschrieben
werden.

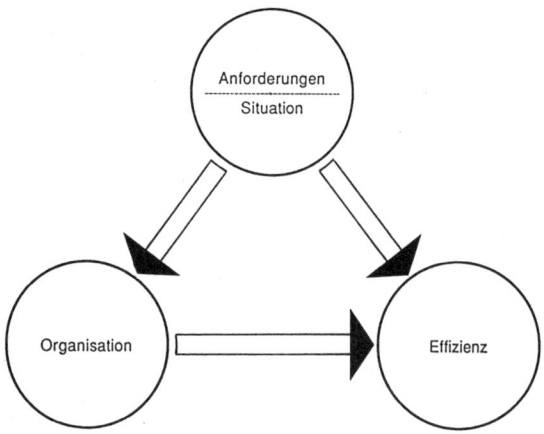

Abb. 4-1: Die beschreibenden Merkmale beim situativen Ansatz

Die Situation eines Betriebs wird durch die Gesamtheit aller
Anforderungen - dargestellt an Hand von Anforderungsmerkmalen -, die in irgendeiner Form Einfluß auf die Organisation
und die Effizienz nehmen, bestimmt. Die **Organisationsstruktur,** die wiederum durch Organisationsmerkmale beschrieben
werden kann, hängt von der Situation des Betriebs ab. Die
Effizienz der Arbeitsweise in einem Betrieb wird durch die
Situation und die Organisationsstruktur geprägt. Die Effizienz läßt sich im allgemeinen mit Hilfe von Effizienz-
merkmalen oder -kriterien quantifizieren.

In der Praxis ist es nicht möglich, alle Merkmale auszuwerten, die im Rahmen der oben beschriebenen Sachverhalte erhoben werden können. Deshalb müssen im Rahmen der **Konzeptualisierung** geeignete Merkmale ausgewählt werden, die den Sachverhalt mit der gebotenen Genauigkeit beschreiben. Die Skalen und Maße, mit denen diese Merkmale erhoben werden können, werden im Rahmen der **Operationalisierung** festgelegt.

In diesem Zusammenhang ist darauf hinzuweisen, daß jede Organisationsstruktur, die Situationen und auch die Effizienz mit einer Vielzahl von Merkmalen beschrieben werden können. Um den Erfassungs- und Auswertungsaufwand zu reduzieren, ist immer eine Auswahl erforderlich. Damit besteht prinzipiell das Risiko, daß wesentliche Merkmale unberücksichtigt bleiben. Deshalb müssen die interessierenden Zusammenhänge unter Ausnutzung des Erfahrungswissens und bisher vorliegender Untersuchungen analysiert werden, um die Wahrscheinlichkeit zu erhöhen, daß alle relevanten Merkmale berücksichtigt werden (vgl. KIESER, KUBICEK 1983, S. 85). Um dieser Forderung genüge zu tun, werden die Arbeitsschritte 'Konzeptualisierung' und 'Operationalisierung' in Abschnitt 4.2 detailliert beschrieben.

PFOHL (1977, S. 243 ff.) betrachtet die Typisierung, d. h. die Bildung einer zielgerichteten Ordnung unter Zuhilfenahme eines oder mehrerer charakteristischer Merkmale (vgl. KOSIOL 1966, S. 23), als notwendigen Bestandteil des situativen Ansatzes. Übertragen auf die vorliegende Themenstellung heißt das, daß sowohl die ermittelten Formen der Arbeitsorganisation als auch die Anforderungen einem typenbildenden Verfahren unterzogen werden müssen. Durch die damit erreichbare Informationsverdichtung ergibt sich dann die Möglichkeit, praxisnahe Aussagen über beide Bereiche zu machen.

Letztendlich können daraufhin durch die Auswertung der Effizienzmerkmale Empfehlungen erarbeitet werden, die die Zuordnung von Anforderungstypen zu Arbeitsorganisationstypen

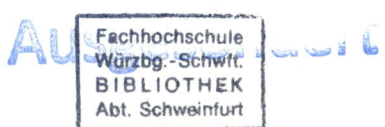

unter besonderer Berücksichtigung der Effizienzmerkmale beinhalten.

Im Rahmen der empirischen Organisationsforschung sind nach KUBICEK (1975, S. 57 ff.) verschiedene Forschungsdesigns zu unterscheiden (vgl. dazu auch Abb. 4-2):

Zeitlicher Umfang \ Stichprobenumfang	Eine Untersuchung	Mehrere Untersuchungen
Ein Zeitpunkt	Fall-Studie	Vergleichende Feldstudie
Mehrere Zeitpunkte	Singuläre Längsschnittanalyse	Multiple Längsschnittanalyse

Abb. 4-2: Parameter im Rahmen vergleichender Untersuchungen (in Anlehnung an KUBICEK (1975, S. 62)

- Die Längsschnittanalysen sind für die vorliegende Themenstellung ungeeignet, da mit ihnen Entwicklungen oder Veränderungen im gleichen Betrieb aufgezeigt werden.

- In einer Fallstudie wird nur ein einziger Betrieb zu einem einzigen Zeitpunkt untersucht; die Ergebnisse einer einzigen Untersuchung können allerdings kaum verallgemeinert werden, so daß auch diese Methodik für die Ableitung von Gestaltungshilfen nicht geeignet ist. Auch hier werden nur Entwicklungen und Veränderungen aufgezeigt.

- In der vergleichenden Feldstudie werden schließlich zu einem Zeitpunkt mehrere Betriebe betrachtet. KUBICEK (1975, S. 66 f.) setzt diese Form der Datenerhebung für eine Typisierung sogar voraus, so daß im Rahmen dieser

Arbeit die Daten über eine vergleichende Feldstudie erhoben wurden.

Die Abbildung 4-3 faßt die hier vorgestellte Vorgehensweise noch einmal zusammen: Zunächst sind in den Arbeitsschritten Konzeptualisierung und Operationalisierung die zu erhebenden Merkmale sowie die zugehörigen Skalierungen festzulegen. Diese Merkmale werden im Rahmen einer vergleichenden Feldstudie erhoben und anschließend einer Typisierung unterzogen. Daraus ergeben sich Anforderungs- und Arbeitsorganisationstypen. Durch die Analyse der Effizienzmerkmale können schließlich Empfehlungen zur Gestaltung der Arbeitsorganisation erarbeitet werden.

4.2 Konzeptualisierung und Operationalisierung

4.2.1 Anforderungen

Wie bereits erläutert, beschreibt die Gesamtheit aller Anforderungen die Situation des Betriebs. Für den eingeschränkten Betrachtungsbereich der Abteilungen NC-Programmierung und Konstruktion kann die Vielzahl der möglichen Anforderungen stark eingegrenzt werden.

Von grundsätzlichem Interesse erscheinen in jedem Falle

- das Mitarbeiterpotential, d. h. die Anzahl der in den zu betrachtenden Abteilungen vorhandenen Mitarbeiter,
- das Auftragsspektrum, d. h. Kennzahlen, die die Struktur der Aufträge beschreiben,
- Betrachtungen zum Werkstückspektrum, also zur Komplexität und Standardisierbarkeit der Werkstücke sowie
- der Einsatz der EDV-technischen Hilfsmittel CAD- und NC-Programmiersystem.

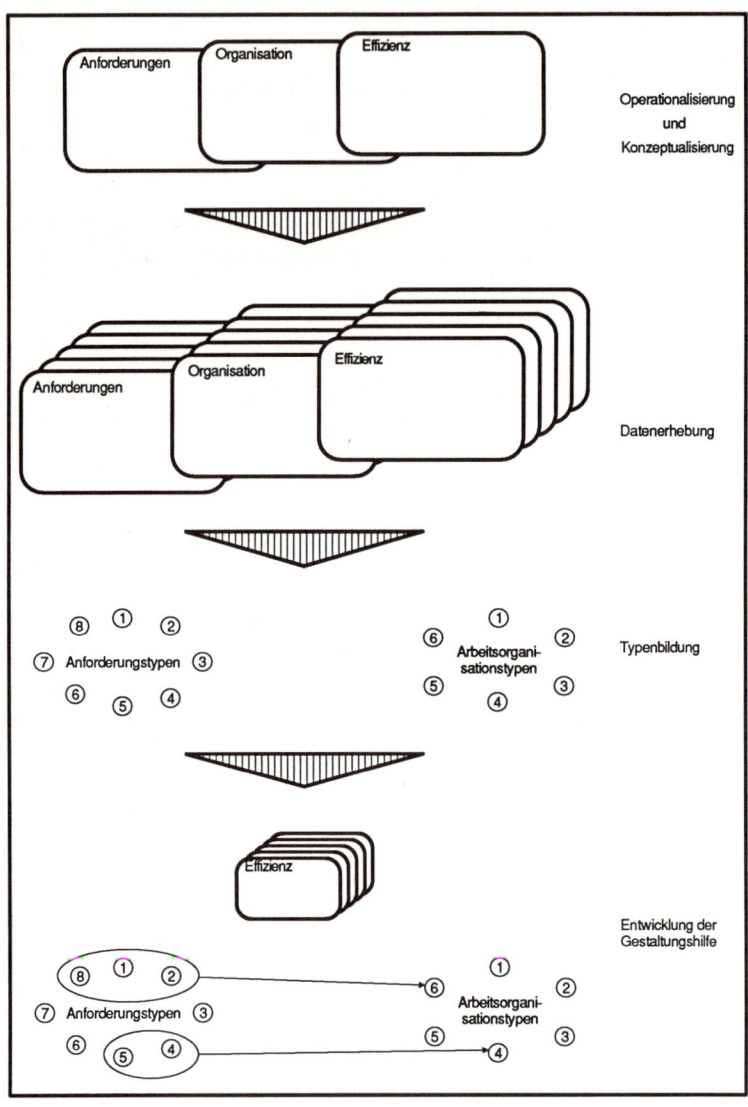

Abb. 4-3: Methodik der Vorgehensweise

Diese vier Bereiche werden im folgenden diskutiert und entsprechende Anforderungsmerkmale festgelegt (Konzeptualisierung). Gleichzeitig wird festgelegt, wie die Merkmalsausprägungen quantifiziert werden können (Operationalisierung). Die Auswahl der Anforderungsmerkmale erfolgt unter Berücksichtigung der Ergebnisse aus den Arbeiten von CZIUDAJ (1985), NITZSCHE (1987) sowie der im Rahmen dieser Arbeit mit Anwendern von CAD/NC-Kopplungen durchgeführten Expertengespräche.

Mitarbeiterpotential

Die Abteilungen, die in direkter Verbindung zur NC-Programmierung stehen, sind im wesentlichen

- die Arbeitsvorbereitung,
- die Konstruktion und
- die NC-Programmierung selbst.

An dieser Stelle soll nicht über die genaue Ein- oder Zuordnung der NC-Programmierung, z. B. in die Arbeitsvorbereitung, entschieden werden, da hier nur die Funktionsausführung von Interesse ist, so daß die Personen, die zur NC-Programmierung eingesetzt werden, losgelöst von allen aufbauorganisatorischen Zuordnungen betrachtet werden.

Die Mitarbeiter der Arbeitsvorbereitung beschäftigen sich vorwiegend mit allgemeinen planenden Tätigkeiten sowie dem Veranlassen und Überwachen von Aufträgen (vgl. HACKSTEIN 1988, S. 6). Die Abbildung 4-4 zeigt eine beispielhafte Zuordnung von Funktionen der Arbeitsvorbereitung zu den Hauptbereichen Arbeitsplanung und -steuerung.

Die NC-Programmierung selbst ist z. B. nach ALMENRÄDER (1983, S. 10) Bestandteil der Arbeitsplanung. Sie ist eng verzahnt mit der Funktion Arbeitsplanerstellung. Da - wie oben bereits erwähnt - eine von aufbauorganisatorischen

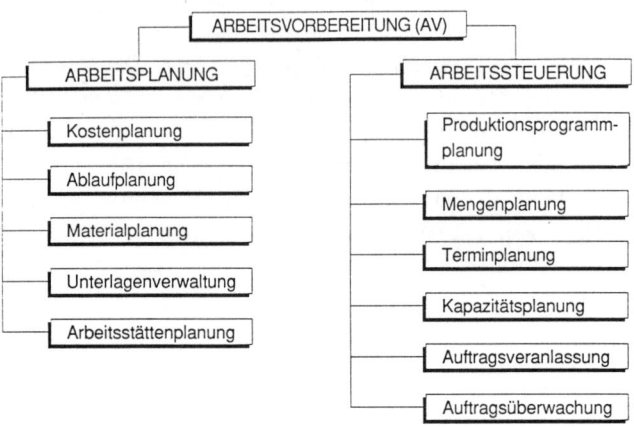

Abb. 4-4: Beispiel für die Zuordnung von Funktionen der Arbeitsvorbereitung zu den Hauptbereichen Arbeitsplanung und -steuerung (in Anlehnung an HACKSTEIN 1989, S. 3)

Zuordnungen losgelöste Betrachtung durchgeführt werden soll, werden alle Tätigkeiten, die direkt in Verbindung mit der NC-Programmierung stehen, getrennt betrachtet. Damit muß im Rahmen dieser Arbeit das übrige Tätigkeitsfeld der Arbeitsvorbereitung nicht weiter betrachtet werden, da es nur einen sehr geringen Bezug zur CAD/NC-Kopplung direkt gibt.

Die Mitarbeiter der Konstruktion sind zuständig für die Erstellung und Aktualisierung der Werkstattzeichnungen. Sie sind insofern direkt von der CAD/NC-Kopplung betroffen, als daß sie innerhalb des CAD-Systems die Werkstückgeometrien festlegen, Bearbeitungshinweise hinzufügen und teilweise auch die CAD-Dateien für die Datenübertragung zum NC-Programmiersystem vorbereiten. Mit der Erfassung der **Anzahl Mitarbeiter in der Konstruktion** kann zum einen das anfallende Datenvolumen und zum anderen auch die Notwendigkeit zur Organisation der Konstruktionstätigkeiten im Hinblick auf die Datenübertragung über die CAD/NC-Schnittstelle abgeschätzt werden (vgl. auch Abb. 4-5).

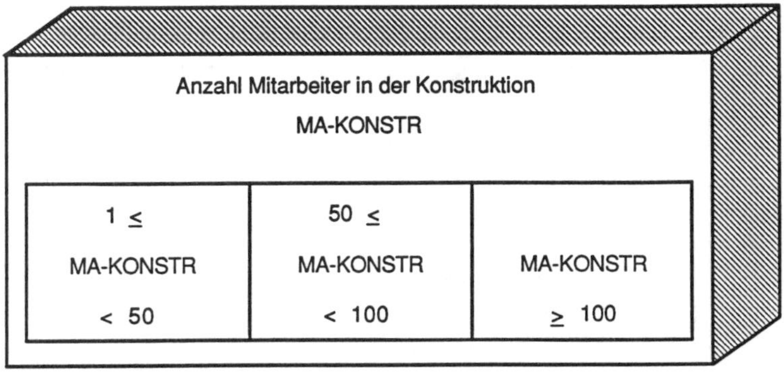

Abb. 4-5: Das Anforderungsmerkmal 'Anzahl Mitarbeiter in der
Konstruktion'

Die Aussagen über die Anzahl Mitarbeiter in der Konstruktion
können direkt auch auf die Mitarbeiter in der NC-Programmierung übertragen werden, so daß auch die **Anzahl Mitarbeiter in der NC-Programmierung** erfaßt wird (vgl. Abb. 4-6).

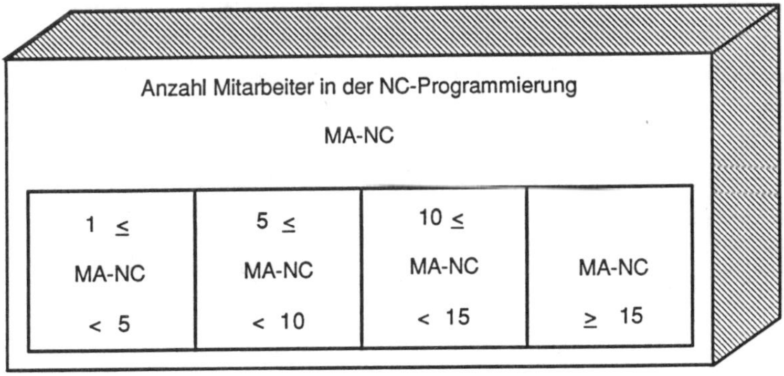

Abb. 4-6: Das Anforderungsmerkmal 'Anzahl Mitarbeiter in der
NC-Programmierung'

Auftragsspektrum

Durch die Analyse der Auftragsstruktur können wertvolle Hinweise über die zur Auftragsbearbeitung erforderlichen Tätigkeiten gewonnen werden. In diesem Zusammenhang werden im
allgemeinen folgende Merkmale genannt (vgl. z. B. NITZSCHE
1987, S. 30):

- φ Losgröße,
- φ Wiederholhäufigkeit pro Zeiteinheit,
- φ Anzahl neuer Aufträge pro Zeiteinheit,
- φ Anteil an Eilaufträgen,
- der Variantenanteil und
- der Änderungsanteil.

Die **durchschnittliche Losgröße** ist eng verbunden mit dem
Aufwand, der bei der Planung eines Auftrags betrieben wird.
Dieser Aufwand steigt in der Regel mit wachsender Losgröße,
damit die Fertigungsmittel möglichst optimal genutzt werden
können. Ist die durchschnittliche Losgröße eher klein, so
hält man den Aufwand, z. B. zur Optimierung eines NC-Programms, entsprechend klein, da sonst der Planungsaufwand im
Verhältnis zum Nutzen, also einer Verkürzung der Maschinen-
laufzeit bei einer geringen Stückzahl, zu groß wäre. Die
Optimierungsschwerpunkte liegen im allgemeinen direkt im
Bereich der NC-Programmierung, die versucht, z. B. durch
sinnvollen Werkzeugeinsatz die Werkzeugwechselzeiten zu
verkürzen oder durch Spezialwerkzeuge höhere Schnittge-
schwindigkeiten zu ermöglichen. Diese Optimierungsbestrebun-
gen haben aber keinerlei Auswirkungen auf die CAD/NC-Kopp-
lung, so daß dieses Merkmal nicht berücksichtigt werden muß.

Die **durchschnittliche Wiederholhäufigkeit** eines Auftrags pro
Zeiteinheit zeigt an, in welchem Umfang einmal erstellte NC-
Programme zu einem späteren Zeitpunkt wieder abgerufen
werden. In vielen Fällen ist es dann möglich, die erstellten
NC-Programme ohne Änderungen erneut auf die NC-Maschine zu
bringen. Dadurch wird bei einem Wiederholauftrag die Kon-

struktion gar nicht mehr eingebunden und es ist auch keine Datenübertragung über die CAD/NC-Schnittstelle nötig. Diese Kenngröße ist demnach für die Situationsbeschreibung von Bedeutung (vgl. Abb. 4-7).

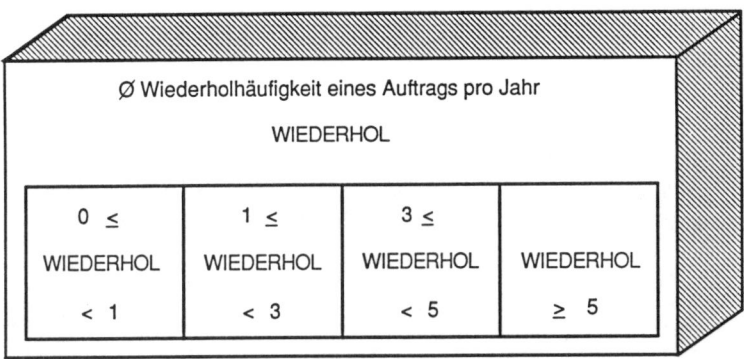

Abb. 4-7: Das Anforderungsmerkmal 'Durchschnittliche Wiederholhäufigkeit eines Auftrags pro Jahr'

Mit der **durchschnittlichen Anzahl neuer Aufträge pro Zeit-einheit** kann abgeschätzt werden, wie oft die NC-Programmie-rung innerhalb eines Zeitraums Geometriedaten für NC-Pro-gramme aufbereiten muß. Sie gibt demnach auch Hinweise auf die Nutzungsmöglichkeiten der CAD/NC-Kopplung, so daß diese Kenngröße mit aufgenommen wird (vgl. Abb. 4-8).

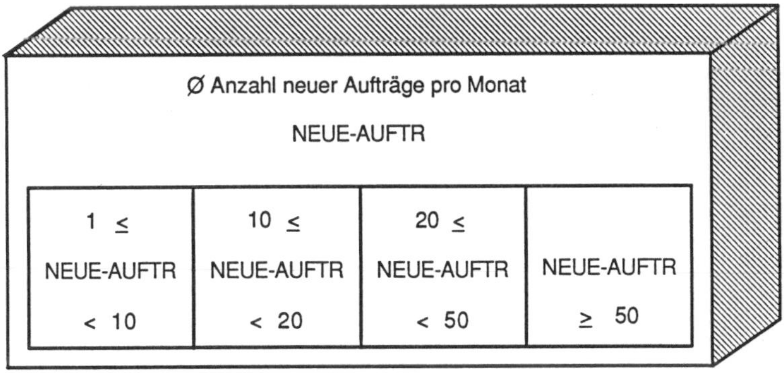

Abb. 4-8: Das Anforderungsmerkmal 'Durchschnittliche Anzahl
neuer Aufträge pro Monat'

Die Kenngröße **Durchschnittlicher Anteil an Eilaufträgen** gibt
Auskunft über den Anteil der NC-Programme für Wiederhol- und
Neuplanungen, die in möglichst kurzer Zeit erstellt werden
müssen. Da die Verkürzung der Durchlaufzeit eines der Haupt-
ziele des Einsatz der CAD/NC-Kopplung ist und somit u. a.
die Abwicklung von Eilaufträgen durch die Nutzung der CA-
D/NC-Kopplung verbessert werden kann, soll auch dieses
Merkmal berücksichtigt werden (vgl. Abb. 4-9).

Ø Anteil an Eilaufträgen

EIL

0 % ≤	10 % ≤	
EIL	EIL	EIL
< 10 %	< 20 %	≥ 20 %

Abb. 4-9: Das Anforderungsmerkmal 'Durchschnittlicher Anteil
an Eilaufträgen'

Der Nutzen einer CAD/NC-Kopplung ist um so größer, je kom-
plexer und umfangreicher die Geometrie ist, die in einem NC-
Programmiersystem genutzt werden kann, da dann der Zeitvor-
teil, der durch den Wegfall der erneuten Geometriedefinition
entsteht, um so deutlicher hervortritt (vgl. HERRSCHER,
WALTER 1987). Kann ein NC-Programm durch Übernahme einer
bestehenden oder abgeänderten Konstruktionszeichnung oder
durch Abänderung eines bereits vorhandenen NC-Programms
erzeugt werden, ist die Nutzung der CAD/NC-Schnittstelle
unter Umständen nicht sinnvoll, da bei der Übernahme der
abgeänderten Konstruktionszeichnung die Technologiedaten vom
NC-Programmierer erneut eingegeben werden müssen. Der damit
verbundene Zeitaufwand ist in vielen Fällen größer als der
Zeitaufwand zur manuellen Änderung des vorhandenen NC-Pro-

gramms. Der Nutzen der CAD/NC-Kopplung und auch die Organisation ihres Einsatzes hängen somit auch vom **Änderungsanteil der NC-Programme** ab (vgl. Abb. 4-10).

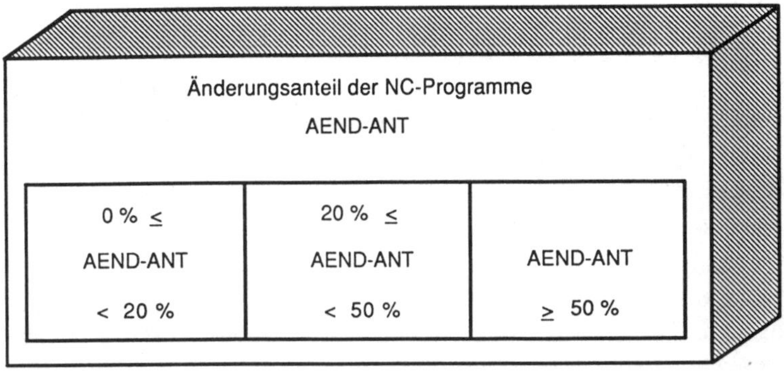

Änderungsanteil der NC-Programme AEND-ANT		
0 % ≤ AEND-ANT < 20 %	20 % ≤ AEND-ANT < 50 %	AEND-ANT ≥ 50 %

Abb. 4-10: Das Anforderungsmerkmal 'Änderungsanteil der NC-Programme'

Werkstückspektrum

Ebenso wie das Auftragsspektrum kann das Werkstückspektrum durch einige wenige Merkmale mit ausreichender Genauigkeit dargestellt werden. Die Beschreibung des Werkstückspektrums kann zweigeteilt vorgenommen werden:

- zum einen durch die Beschreibung der Werkstückkomplexität und
- zum anderen durch die Beschreibung der Standardisierbarkeit.

Die komplette Erfassung der Werkstückkomplexität ist im Rahmen dieser Arbeit nicht möglich, da es eine zu große Anzahl von Merkmalen und Bewertungsvorschlägen für diese Merkmale gibt (vgl. z. B. WALLKÖTTER 1985). In einer ersten Näherung bietet es sich an, die Merkmale

- durchschnittliche Anzahl Werkzeuge pro NC-Programm, als
  Maß für die technologische Komplexität,
- durchschnittliche Anzahl Zeichnungsmaße der Werkstattzeichnung, als Maß für die geometrische Komplexität,
- durchschnittliche Programmlänge in NC-Sätzen, als
  generelles Maß zur Abschätzung der Komplexität und
- durchschnittliche Anzahl Aufspannungen pro Werkstattzeichnung, als Maß für die Komplexität der Bearbeitung
  auf der Werkzeugmaschine

zu erfassen.

Die Expertenbefragungen (vgl. S. 37) zu dieser Thematik in
mehreren Betrieben des Maschinenbaus, die zum Teil seit
einigen Jahren die CAD/NC-Kopplung nutzen, haben jedoch
ergeben, daß nur die geometrische Komplexität der zu fertigenden Teile einen Einfluß auf die Gestaltung der CAD/NC-
Kopplung hat, da die Übertragung von Technologiedaten heute
noch zu starken Einschränkungen unterworfen ist. Gleichzeitig wurde in diesen Gesprächen deutlich, daß

- die **durchschnittliche Anzahl Zeichnungsmaße der Werkstattzeichnung** nicht als Maß zur Bestimmung der geometrischen Komplexität einsetzbar ist, da äußerst komplexe
  Geometrien, wie z. B. Freiformflächen, zum Teil gar
  nicht direkt vermaßt werden können, aber in jedem Fall
  für die NC-Programmierung eine große Menge an Einzelinformationen beinhalten und
- die **durchschnittliche Programmlänge in NC-Sätzen** insofern für einen überbetrieblichen Vergleich ungeeignet
  ist, da sowohl die Leistungsfähigkeit der Maschinen-
  steuerungen als auch die Qualität der verwendeten Postprozessoren die Programmlänge signifikant beeinflussen.

Das einzige Merkmal, das bei diesen Befragungen überwiegend
als bedeutend für die Auslegung einer CAD/NC-Kopplung beschrieben wurde, ist die Anzahl Aufspannungen pro Werkstück.
Hierin spiegelt sich direkt der Nutzen der CAD/NC-Kopplung

wider, da im allgemeinen für jede neue Aufspannung andere
Geometrieelemente berücksichtigt werden müssen. Diese Geometrieelemente können durch erneute Selektion im CAD-System
und Datenübertragung im NC-Programmiersystem weiterverarbei-
tet werden. Somit wird das Merkmal **Durchschnittliche Anzahl
Aufspannungen pro Werkstattzeichnung** in die Liste der Anforderungsmerkmale übernommen (vgl. Abb. 4-11).

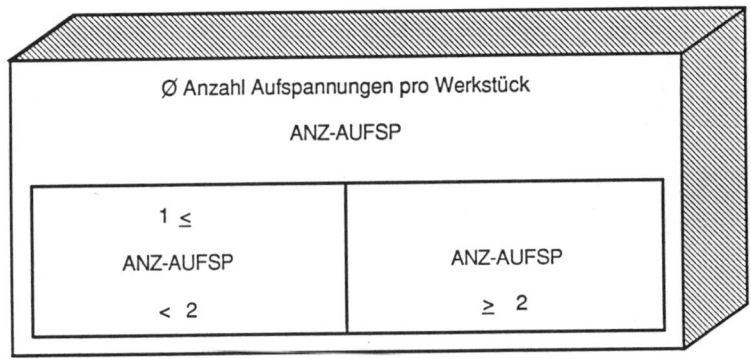

Abb. 4-11: Das Anforderungsmerkmal 'Durchschnittliche
Anzahl Aufspannungen pro Werkstattzeichnung'

Die **Standardisierbarkeit des Werkstückspektrums** ermöglicht
Aussagen über die Möglichkeiten zur Optimierung von Kon-
struktions- und NC-Programmiertätigkeiten, durch die Verwendung von Konstruktionsmakros im CAD-System und durch Fertigungsmakros im NC-Programmiersystem. Die getrennte Erfassung
des Makroanteils in der Konstruktion bzw. in der NC-Programmierung liefert gegenüber der globalen Beschreibung der
Werkstückstandardisierbarkeit in Form einer Prozentangabe
keine zusätzlichen Informationen, da zwischen diesen Einflußgrößen starke Abhängigkeiten zu erwarten sind. Deshalb
soll die Standardisierbarkeit des Werkstückspektrums direkt
erfaßt werden (vgl. Abb. 4-12). Die Einschätzung der Standardisierbarkeit muß betriebsindividuell durch die Sachbearbeiter vorgenommen werden.

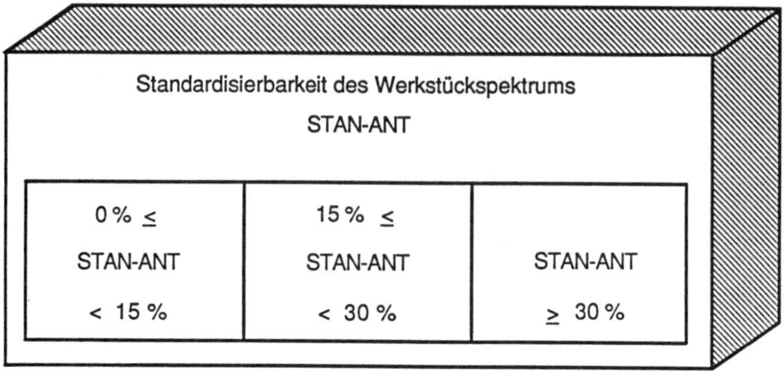

```
Standardisierbarkeit des Werkstückspektrums
                    STAN-ANT

   0 % ≤          15 % ≤

   STAN-ANT       STAN-ANT        STAN-ANT

   < 15 %         < 30 %          ≥ 30 %
```

Abb. 4-12: Das Anforderungsmerkmal 'Standardisierbarkeit des Werkstückspektrums'

Sowohl der Konstruktionsprozeß als auch die Erstellung eines NC-Programms können sehr stark verkürzt werden, wenn viele Werkstücke als Variantenteile behandelt werden können.

Insofern ist auch der **Variantenanteil** als Anforderungsmerkmal interessant (vgl. Abb. 4-13).

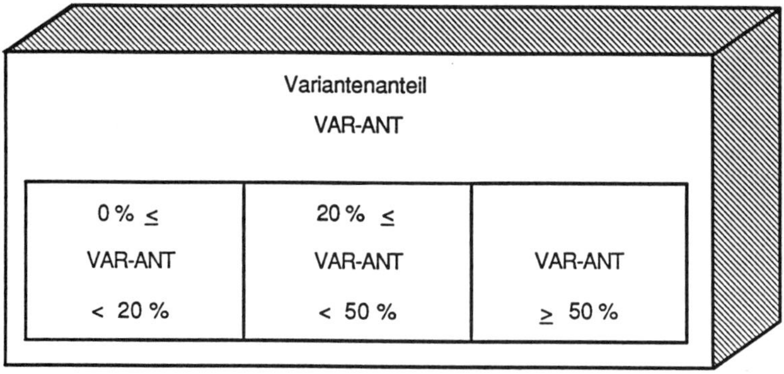

```
                 Variantenanteil
                    VAR-ANT

   0 % ≤          20 % ≤

   VAR-ANT        VAR-ANT         VAR-ANT

   < 20 %         < 50 %          ≥ 50 %
```

Abb. 4-13: Das Anforderungsmerkmal 'Variantenanteil'

Einsatz der EDV-technischen Hilfsmittel

Die EDV-technischen Hilfsmittel, die von der CAD/NC-Kopplung
direkt betroffen sind, sind zum einen das CAD-System und zum
anderen das NC-Programmiersystem. Die Organisation des
Einsatzes dieser Hilfsmittel hängt von der Anzahl der zur
Verfügung stehenden Arbeitsplätze ab, so daß die **Anzahl CAD-
Arbeitsplätze** (vgl. Abb. 4-14) und die Anzahl **NC-Programmierplätze** (vgl. Abb. 4-15) erfaßt werden müssen.

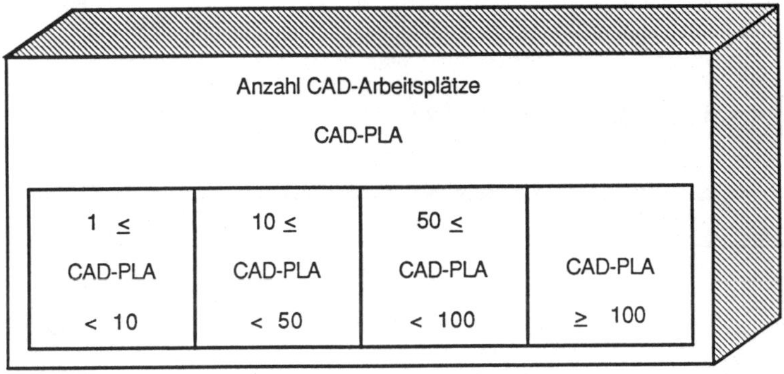

Anzahl CAD-Arbeitsplätze			
CAD-PLA			
1 $\leq$	10 $\leq$	50 $\leq$	
CAD-PLA	CAD-PLA	CAD-PLA	CAD-PLA
< 10	< 50	< 100	$\geq$ 100

Abb. 4-14: Das Anforderungsmerkmale 'Anzahl CAD-Arbeitsplätze'

Letztendlich bestimmt auch der **CAD-Anteil bei Neukonstruktionen,** inwieweit überhaupt die Möglichkeit besteht, direkt
auf Konstruktionsdaten zuzugreifen (vgl. auch Abb. 4-16).

Damit liegen zwölf Anforderungsmerkmale vor, die im weiteren
zur Beschreibung der Betriebssituationen herangezogen werden.

Die Erfassung der einzelnen Ausprägungsstufen (Operationalisierung) kann mit den in den Abbildungen 4-5 bis 4-16 dargestellten Stufungen erfolgen; im Sinne einer optimalen Infor-
mationsausnutzung bietet es sich aber an, die Merkmalsaus-

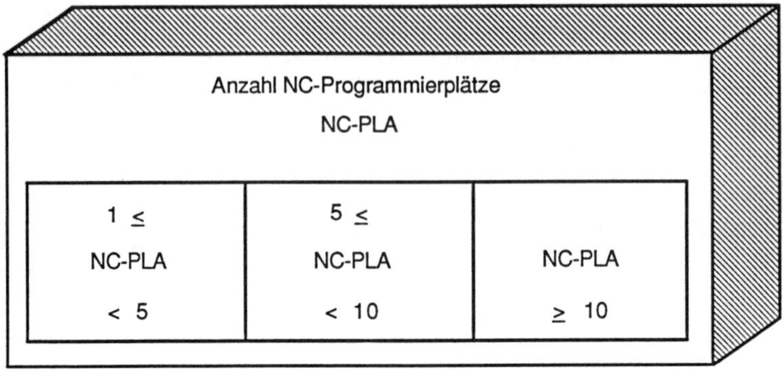

1 ≤ NC-PLA < 5	5 ≤ NC-PLA < 10	NC-PLA ≥ 10

Anzahl NC-Programmierplätze NC-PLA

Abb. 4-15: Das Anforderungsmerkmal 'Anzahl NC-Programmier-plätze'

0 % ≤ CAD-ANT < 25 %	25 % ≤ CAD-ANT < 50 %	CAD-ANT ≥ 50 %

CAD-Anteil bei Neukonstruktionen CAD-ANT

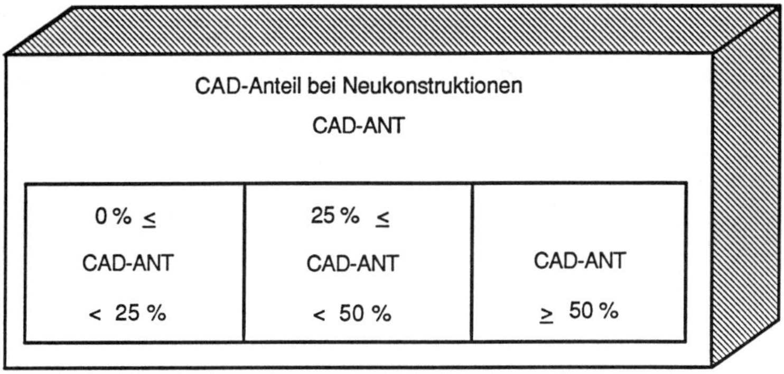

Abb. 4-16: Das Anforderungsmerkmal 'CAD-Anteil bei Neukonstruktionen'

prägungen direkt numerisch zu erfassen, da dieses ohne Mehraufwand erfolgen kann. Auf die angegebenen Abstufungen wird in jedem Falle noch bei der Darstellung der ermittelten Typologie zurückgegriffen.

4.2.2 Arbeitsorganisation

Für die vorliegende Themenstellung sind nur einige Aspekte der umfassenden Definition nach HEEG (vgl. Kap. 2.4) von Interesse, da durch den Einsatz einer CAD/NC-Kopplung nur die Gestaltung der Aufgabenteilung zwischen den Menschen und Betriebsmitteln sowie die Gestaltung von Information und Kommunikation abhängen. Eine ganzheitliche Betrachtung der Arbeitsorganisation, die handlungstheoretische Konzepte zur Gestaltung von Technik, Arbeitsorganisation und Qualifizierungsmaßnahmen (vgl. HEEG 1988, S. 40 ff.) oder die Problematik der Gruppenarbeit (vgl. HEEG 1988, S. 148 ff.) mit einbezieht, kann im Rahmen dieser Arbeit nicht weiter berücksichtigt werden. Dieses ist im wesentlichen im erheblich größeren Erhebungsumfang sowie durch die Notwendigkeit noch detaillierterer Auskünfte und der damit verbundenen Gefahr, daß die Qualität des Datenmaterials nicht mehr zu repräsentativen Ergebnissen führt, begründet. Deshalb werden im weiteren nur noch funktionale Aspekte behandelt.

Die **Gliederung der Arbeitsaufgabe** ist unabhängig von der Existenz einer CAD/NC-Kopplung, da die notwendigen Tätigkeiten für die Konstruktion und die NC-Programmierung unverändert bleiben. Auch die Reihenfolge der Tätigkeiten ist keiner größeren Änderung unterworfen, da es sich um aufeinander aufbauende Arbeitsschritte handelt.

Die grundsätzlichen Bemühungen, die Konstruktion, z. B. durch firmeninterne Richtlinien oder Anweisungen, 'NC-gerechter' zu gestalten, können in einer globalen Betrachtung der möglichen Arbeitsorganisationsformen nicht berücksichtigt werden. Hier gibt es so viele Varianten, daß globale Gestaltungshilfen für diese Varianten nicht entwickelt werden können.

Ebenso ist eine **Betrachtung der Arbeitszeit** für die Entwicklung der Gestaltungshilfen nicht sinnvoll, da diese zum einen kaum vom Einsatz einer CAD/NC-Schnittstelle abhängt und zum anderen häufig individuell über Betriebsvereinbarungen geregelt ist.

Wesentlich aufschlußreicher ist die **Gestaltung von Information und Kommunikation,** da durch die Nutzung einer CAD/NC-Schnittstelle Daten direkt von einem System in ein anderes transferiert werden. Damit liegt zumindest ein Teil der notwendigen Informationen EDV-gerecht vor. Zum gegenwärtigen Zeitpunkt ist man aber noch weit davon entfernt, von einer 'papierlosen' NC-Programmierung sprechen zu können, da noch zu viele Informationen nicht über die Schnittstelle übertragen werden können (vgl. 2.3). Dementsprechend ist ein Informationsaustausch zwischen Konstrukteur und NC-Programmierer - sei es in Form von Werkstattzeichnungen oder formlosen Notizen - in jedem Falle erforderlich.

Problematisch ist die Analyse des Informationsaustauschs für die Entwicklung von Gestaltungshilfen, da die Intensität und der Umfang des Informationsaustauschs von sehr vielen anderen Randgrößen abhängen. So müßten auf jeden Fall der Umfang der über die Schnittstelle übertragbaren Informationen, innerbetriebliche Absprachen zwischen Konstruktion und NC-Programmierung und die im Laufe der Zeit gewachsenen Gewohnheiten berücksichtigt werden. Da dieses im Rahmen dieser Arbeit kaum realisierbar ist, muß auf eine Informationsflußanalyse verzichtet werden.

Damit bleibt für die Entwicklung der Gestaltungshilfen die Gestaltung der **Aufgabenteilung zwischen den Menschen und Betriebsmitteln.** Das heißt, es ist zu untersuchen, welche Funktionen in den Bereichen Konstruktion und NC-Programmierung von welchem Funktionsträger und mit welchem EDV-technischen Hilfsmittel durchgeführt werden.

Eine Aufstellung der notwendigen Tätigkeiten (vgl. auch 2.2) ist in Abbildung 4-17 dargelegt. Zu unterscheiden sind zehn Einzeltätigkeiten, die im weiteren dargelegt werden. Die Operationalisierung der Merkmale gestaltet sich sehr ein-

Lfd. Nr.	Teilfunktion	Funktionsträger	Hilfsmittel
1	Festlegung Rohteilgeometrie		
2	Festlegung Fertigteilgeometrie		
3	Zuordnung von Technologieattributen zu Konturelementen		
4	Aufbereitung der CAD-Datei für die Datenübertragung		
5	Veranlassung CAD/NC-Übertragung		
6	Spannmittelbestimmung		
7	Werkzeugauswahl		
8	Werkzeugwegfestlegung		
9	Kollisionsüberprüfung		
10	Durchführung Postprozessorlauf		

Abb. 4-17: Formblatt zur Erhebung der Arbeitsorganisationsmerkmale

fach, da nur die Funktionsträger und die Hilfsmittel über ja/nein-Entscheidungen festgelegt werden müssen.

Festlegung Rohteilgeometrie

Unabhängig vom eingesetzten Bearbeitungsverfahren muß die Geometrie des Rohteils festgelegt werden. Da diese Geometrie

für den Konstruktionsprozeß im allgemeinen nur von unterge-
ordneter Bedeutung ist, wird sie normalerweise erst während
der Erstellung des NC-Programms berücksichtigt.

Festlegung Fertigteilgeometrie

Das Ergebnis der Konstruktionstätigkeit ist die Werkstattzeichnung, die im wesentlichen die Fertigteilgeometrie
enthält. Die Umsetzung dieser Geometrie in ein NC-Programm
ist die Aufgabe der NC-Programmierung. Durch die eingeschränkten Fertigungsmöglichkeiten ist ein Informationsaustausch zwischen Konstrukteur und NC-Programmierer notwendig, der u. a. auch die Fertigteilgeometrie beeinflussen
kann.

Zuordnung von Technologieattributen zu Konturelementen

Für die Erstellung eines NC-Programms sind neben den rein
geometrischen Informationen über das Roh- und Fertigteil
auch Bearbeitungshinweise, wie z. B. Oberflächengüten oder
Toleranzangaben, erforderlich. Da die meisten CAD-Systeme
heute diese Bearbeitungshinweise anstatt in Attributform
einzelnen Konturelementen zugeordnet nur in Textform abspei-
chern, besteht im allgemeinen die Notwendigkeit, diese
Tätigkeit nach der Datenübertragung vom NC-Programmierer
vornehmen zu lassen.

Aufbereitung der CAD-Datei für die NC-Programmierung

Innerhalb der CAD-Datei sind eine Vielzahl von Details, wie
z. B. Schraffuren oder Lichtkanten, abgelegt, die für die
NC-Programmierung nicht benötigt werden. Deshalb müssen
grundsätzlich die Elemente, die für die NC-Programmierung
benötigt werden, herausselektiert werden. Die Aufbereitung

kann von beiden untersuchten Funktionsträgern und mit beiden Hilfsmitteln erfolgen.

Veranlassung der CAD/NC-Übertragung

Nach der Aufbereitung der CAD-Datei muß die Datenübertragung an das NC-Programmiersystem veranlaßt werden. Diese Tätigkeit kann sowohl vom Konstrukteur als auch vom NC-Programmierer vorgenommen werden. Außerdem ist zu unterscheiden, von welchem EDV-System aus die Datenübertragung veranlaßt wird.

Spannmittelbestimmung

Die Ermittlung eines geeigneten Spannmittels ist ein wesentlicher Bestandteil der NC-Programmierung. Hierfür werden sowohl für die CAD-Systeme als auch für die NC-Programmiersysteme geeignete Softwarehilfsmittel angeboten bzw. können betriebsspezifisch erstellt werden.

Werkzeugauswahl

Für die Auswahl von Bearbeitungswerkzeugen muß ein geeignetes Informationssystem zur Verfügung stehen, das den Anwender unterstützt. Im einfachsten Fall handelt es sich um einen Werkzeugkatalog oder eine Werkzeugdatei, die unabhängig von jeglicher EDV-Unterstützung eingesetzt werden können. Andererseits werden sowohl für CAD- als auch für NC-Programmiersysteme geeignete Verwaltungssysteme angeboten, so daß die Werkzeugbestimmung prinzipiell mit Hilfe beider Programmsysteme erfolgen kann.

Werkzeugwegfestlegung

Die Festlegung des Werkzeugwegs ist eine der wichtigsten Aufgaben der NC-Programmierung. Hierbei sind neben der zu fertigenden Werkstückkontur z. B. auch die Geometrien des eingesetzten Werkzeugs und die maximale Spanungstiefe des Werkzeugs zu berücksichtigen.

Kollisionsüberprüfung

Nach der Festlegung des Werkzeugwegs ist zu überprüfen, ob bei der Zerspanung Kollisionen mit dem Werkstück oder der Aufspannvorrichtung ausgeschlossen werden können. Da die Graphikmöglichkeiten des CAD-Systems im allgemeinen besser als bei einem NC-Programmiersystem sind, wird diese Funktion in der Praxis häufig mittels des CAD-Systems durchgeführt.

Durchführung Postprozessorlauf

Die zunächst maschinenneutrale CLDATA-Zwischendatei (vgl. auch Abschnitt 2.3) wird mit Hilfe geeigneter Postprozessoren an die erforderliche Maschinen-/Steuerungskombination angepaßt. Der Postprozessorlauf kann sowohl vom CAD- als auch vom NC-Programmiersystem aus veranlaßt werden.

Damit liegen zehn Einzeltätigkeiten vor, die im Rahmen von Konstruktion und NC-Programmierung durchgeführt werden müssen. Verschiedene Arbeitsorganisationsformen ergeben sich aus der Bearbeitung der Einzeltätigkeiten durch die alternativen Funktionsträger mit den beiden EDV-technischen Hilfsmitteln. Zu beachten ist, daß einzelne Tätigkeiten von mehreren Funktionsträgern oder/und mit beiden Hilfsmitteln durchgeführt werden können.

4.2.3 Effizienz

Die Effizienz einer CAD/NC-Kopplung läßt sich anhand dreier Aspekte erfassen:

- Auswirkungen auf die Durchlaufzeiten in Konstruktion und NC-Programmierung,
- Kostenveränderungen,
- Veränderung von Fehlern und Fehlermöglichkeiten.

Auswirkungen auf die Bearbeitungszeiten in Konstruktion und NC-Programmierung

Aufgrund der CAD/NC-Kopplung sind Zeiteinsparungen zu erwarten, da zumindest die Geometrie im NC-Programmiersystem nicht erneut definiert werden muß. Zu berücksichtigen ist aber auch, daß die übernommene Geometrie im allgemeinen, z. B. aufgrund von Rundungsfehlern oder nicht vollständig geschlossener Konturen, nachgebessert werden muß.

Vor der Veranlassung der Datenübertragung muß in irgendeiner Form festgelegt werden, welche Konturelemente zu selektieren sind. Die Auswahl und Selektion dieser Konturelemente schmälert den Zeitgewinn durch die verkürzte NC-Programmierzeit. Außerdem können durch die Datenübertragung selbst Wartezeiten für das Personal entstehen.

Durch die Erhebung

- der durchschnittlichen Konstruktionszeiten und
- des durchschnittlichen Zeitaufwands für die NC-Programmierung

jeweils vor und nach Einführung der CAD/NC-Kopplung lassen sich absolute und prozentuale Zeitveränderungen errechnen.

Für weitergehende Analysen im Rahmen der Kostenveränderungen soll außerdem die Verteilung des Zeitaufwands für die NC-Programmierung auf die in Abschnitt 2.2 vorgestellten Teilfunktionen

■ Programmiervorbereitung,
■ Arbeitsvorgangsplanung,
■ Technologiedatenermittlung,
■ Geometriedatenermittlung,
■ Codierung und
■ Programmtest

sowie die Zeitaufwendungen im Rahmen der Konstruktion für die Teilfunktionen

■ Konstruktion und
■ Aufbereitung der Daten für die NC-Programmierung

erhoben werden.

Kostenveränderungen

Die in der Regel nicht identischen Personalkosten von NC-Programmierern und CAD-Konstrukteuren sowie die unterschiedlichen Bildschirmarbeitsplatzkosten bedingen häufig, daß die berechneten prozentualen Veränderungen des Zeitaufwands von den prozentualen Kostenveränderungen abweichen. Erfaßt werden neben den Veränderungen der NC-Programmierkosten auch die Veränderung der Kosten für Konstruktion und NC-Programmierung. Dadurch läßt sich auch der zusätzliche Aufwand durch die CAD/NC-Kopplung in der Konstruktion abschätzen.

Deshalb sind über die bereits beschriebenen Zeitdaten hinaus, die Kostendaten

- Personalkosten pro Stunde für
  - die CAD-Konstrukteure und
  - die NC-Programmierer sowie
- Bildschirmarbeitsplatzkosten pro Stunde für
  - den CAD-Arbeitsplatz und
  - den NC-Programmierplatz

zu erheben.

Die Erhebung der Merkmale zur Arbeitsorganisation (vgl. 4.2.2) zeigt auf, welcher Funktionsträger mit welchen Hilfsmitteln die einzelnen Teilfunktionen der NC-Programmierung durchführt, so daß unter Zuhilfenahme dieser Angaben die Kostenveränderungen durch die Nutzung der CAD/NC-Kopplung ermittelt werden können.

Die vielfältigen Kombinationsmöglichkeiten Funktionsträger/ Hilfsmittel, aufgeschlüsselt nach den Teilfunktionen der NC-Programmierung sowie den Zeitpunkten vor bzw. nach Einführung der CAD/NC-Kopplung, bedingen eine EDV-technische Berechnung der Kostengrößen. Aufgrund der Komplexität soll hier auf eine Darstellung der einzelnen Schritte dieser Berechnungen verzichtet werden.

<u>Verringerung von Fehlern und Fehlermöglichkeiten</u>

Zur Abrundung der Effizienzdaten werden tendenziell die Merkmale

- Auswirkungen auf Fehlerhäufigkeiten im Bereich der Geometrie,
- Auswirkungen auf Fehlerhäufigkeiten im Bereich der Technologie sowie
- Auswirkungen auf Fehlerhäufigkeiten im Bereich der Aufspannungsbeschreibung

mit berücksichtigt.

Die Erfassung dieser Merkmale ist außerordentlich schwierig, da genaue Angaben innerhalb eines Betriebs nur selten vorliegen. Deshalb müssen die Merkmale geeignet abgeschätzt werden. Um den betroffenen Personenkreis nicht zur Angabe falscher oder nicht abgesicherter Informationen zu verleiten, werden nur die Ausprägungen 'keine Veränderungen', 'geringer' und 'größer' unterschieden.

Aus den hier aufgeführten Merkmalen lassen sich die in Abbildung 4-18 zusammengefaßten Effizienzmerkmale ableiten bzw. direkt übernehmen. Sie geben einen Überblick über den durch die CAD/NC-Kopplung erreichten Nutzen, der auf einem Vergleich der Zustände vor und nach Einführung der CAD/NC-Kopplung beruht.

Merkmal	Ausprägungen		
Veränderung des Zeitaufwands für die NC-Programmierung	Prozent-angabe		
Veränderung der NC-Programmierkosten	Prozent-angabe		
Veränderung der Kosten für Konstruktion und NC-Programmierung	Prozent-angabe		
Fehlerhäufigkeiten im Bereich Geometrie	geringer	gleich	größer
Fehlerhäufigkeiten im Bereich Technologie	geringer	gleich	größer
Fehlerhäufigkeiten im Bereich Aufspannungsplanung	geringer	gleich	größer

Abb. 4-18: Effizienzmerkmale

5 Datenerhebung

5.1 Erhebungstechnik

In Abschnitt 4.1 wurde bereits gezeigt, daß die vergleichende Feldstudie für die Typisierung eine geeignete Vorgehensweise zur Datenerhebung ist. Die Datenerhebung selbst
wurde in einer dreistufigen Form durchgeführt, um sicherzustellen, daß das erhobene Datenmaterial strengen Anforderungen in bezug auf Reliabilität und Qualität genügt.

Konzeption des Erhebungsinstrumentariums

Zur begrifflichen und inhaltlichen Klärung des Sachverhalts
wurden in drei Betrieben des Maschinenbaus, die bereits eine
CAD/NC-Kopplung realisiert haben, nicht standardisierte
Interviews durchgeführt. Die Protokolle dieser Interviews
bildeten die Konzeptvorlage für ein vorläufiges Erhebungsin-
strumentarium.

Pretest

In zwei weiteren Betrieben wurde das vorläufige Erhebungsin-
strumentarium in direkter Zusammenarbeit mit den zuständigen
Sachbearbeitern getestet. Die Diskussionen um die grundsätzliche Gliederung des Erhebungsinstrumentariums sowie die
Formulierung der Einzelfragen lieferten Hinweise auf Ver-
ständnisprobleme. Die erkannten Probleme wurden für die
endgültige Form des Erhebungsinstrumentariums beseitigt.

Datenerhebung

Die eigentliche Datenerhebung wurde dann in Form einer
postalischen Fragebogenerhebung durchgeführt. Um die Akzeptanz und die Qualität der Erhebung sicherzustellen, wurden

die Sachbearbeiter in den meisten Fällen vorher persönlich angesprochen.

Die wieder eingetroffenen Fragebögen wurden unmittelbar nach Eingang analysiert und eventuelle Unstimmigkeiten sofort telefonisch geklärt.

5.2 Abgrenzung des Untersuchungsbereichs

Die Abbildung 5-1 gibt Hinweise auf die Anzahl der Mitarbeiter in den Abteilungen Konstruktion und NC-Programmierung der untersuchten 21 Betriebe. Die Konstruktionsabteilungen sind mit minimal einem Mitarbeiter bis über 200 Mitarbeitern besetzt, so daß ein breites Betriebsspektrum abgedeckt ist. Die Anzahl der direkt mit der NC-Programmierung beschäftigten Mitarbeiter liegt erheblich unter der Anzahl der Mitarbeiter in der Konstruktion. Erfaßt wurde ein Spektrum von einem bis 23 Mitarbeitern in der NC-Programmierung.

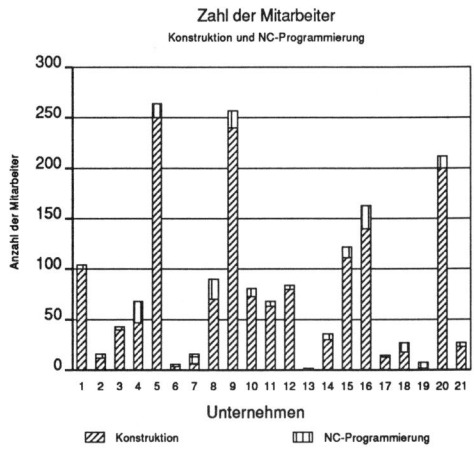

Abb. 5-1: Anzahl der Mitarbeiter der Bereiche Konstruktion und NC-Programmierung

Diesen Mitarbeitern steht im allgemeinen eine deutlich
geringere Anzahl an Bildschirmarbeitsplätzen zur Verfügung,
da diese teuren Hilfsmittel häufig nicht ununterbrochen von
einem einzigen Mitarbeiter genutzt werden. Das Spektrum
reicht von einem einzigen CAD-Arbeitsplatz bis ca. 100
Arbeitsplätze; für die NC-Programmierung stehen ein bis 17
Arbeitsplätze zur Verfügung (vgl. Abb. 5-2).

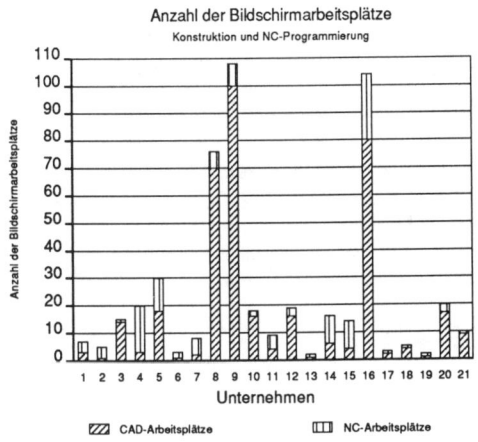

Abb. 5-2: Anzahl Bildschirmarbeitsplätze für die Konstruktion und die NC-Programmierung

Eine Analyse der vorgefundenen CAD/NC-Schnittstellen (vgl.
Abb. 2-2) zeigt, daß über 3/4 aller untersuchten Unternehmen
die Schnittstellenvariante 5 (Übertragung über eine standardisierte Schnittstelle) und die Variante 6 (Übertragung
über eine individuelle Schnittstelle) einsetzen (vgl. Abb.
5-3).

Weiterhin tritt die Variante 3 (Übergabe der Informationen
direkt in der Notation des NC-Programmiersystems) sowie die
Variante 2 (Nutzung eines NC-Moduls innerhalb eines CAD-Systems, wobei die Postprozessoren nicht in das CAD-System
integriert sind) auf. Die Varianten 1, 4, 7 und 8 wurden
nicht angetroffen: Für die Variante 1 gibt es kaum techni-

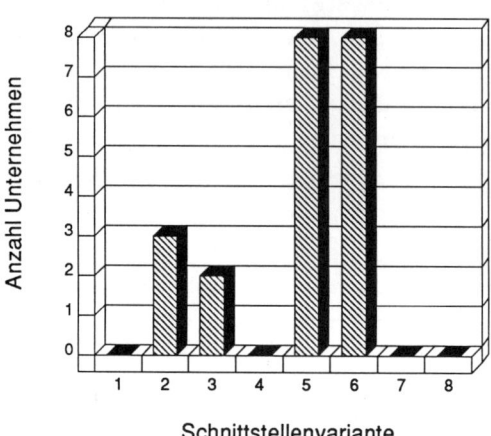

Verteilung der Schnittstellenvarianten

Abb. 5-3: Verteilung der Schnittstellenalternativen im Untersuchungsfeld

sche Realisationen. Die Variante 4 kann nur beim Sonderfall einer Variantenfertigung eingesetzt werden und die Varianten 7 und 8 befinden sich noch in der Entwicklungsphase, so daß hierüber noch keine eingehenden Erfahrungen vorliegen.

Insgesamt kann somit festgestellt werden, daß ein repräsentatives Anwenderspektrum erhoben wurde.

6   Datenauswertung

6.1 Verfahrensauswahl

Bei der empirischen Organisationsforschung fällt im allgemeinen ein sehr großes Datenvolumen an, das aufgrund seiner
Komplexität nicht ohne weiteres analysiert und interpretiert
werden kann. Dementsprechend ist es das Ziel der hier vorgestellten Datenauswertung, aus der Fülle der Einzelinformationen des in 21 Betrieben erhobenen Datenmaterials durch
systematische Informationsverdichtung die Zusammenhänge
zwischen den allgemeinen betrieblichen Anforderungen und der
Form der vorgefundenen Arbeitsorganisation in den Bereichen
Konstruktion und NC-Programmierung aufzuzeigen, um sie in
einem weiteren Schritt analysieren zu können. Zur Erreichung
dieses Ziels bedarf es geeigneter statistischer Analysemethoden.

In Abschnitt 4.2 wurde bereits gezeigt, daß sowohl die
Anforderungen als auch die Arbeitsorganisation durch eine
Vielzahl unterschiedlicher Merkmale beschrieben werden
müssen. Die auszuwählenden Analysemethoden müssen in der
Lage sein, alle diese Merkmale gleichzeitig auszuwerten und
zu verdichten. Dieses ist bei Verfahren der multivariaten
Statistik gewährleistet (vgl. HARTUNG, ELPELT 1986, S. 2).
Die vorliegende Themenstellung verlangt eine Aufteilung des
Datenmaterials in verschiedene Typen (vgl. 4.1), so daß als
geeignetes Verfahren die Clusteranalyse gewählt wird.

Bei der Clusteranalyse werden die in Form einer Erhebungs-
oder Datenmatrix vorliegenden Daten in Gruppen aufgeteilt,
die sich dadurch auszeichnen, daß die Objekte einer Gruppe
möglichst ähnlich (homogen) und Objekte aus verschiedenen
Gruppe möglichst unähnlich (heterogen) sind. Auf eine de-
taillierte Darstellung des theoretischen Hintergrunds der
Clusteranalyse kann an dieser Stelle verzichtet werden, da
sich bereits eine Vielzahl von Autoren dieser Thematik
angenommen hat und somit ausführliche Verfahrensbeschreibun-

gen vorliegen (vgl. z. B. BOCK 1974; SODEUR 1974; SPÄTH 1975; STEINHAUSEN, LANGER 1977 oder VOGEL 1975). Vielmehr soll im folgenden dargelegt werden, welche Voraussetzungen an das Datenmaterial gestellt werden und welche Details bei der Anwendung der Clusteranalyse beachtet werden müssen.

Grundsätzlich ist bei Gruppierungs- oder Klassifikationsproblemen zu beachten, daß eine Klassifikation "nie Selbstzweck, sondern immer Mittel zum Zweck" ist (VOGEL 1975, S. 14 f.). Damit kann ein Klassifikationsergebnis nie als 'richtig' oder 'falsch' beurteilt werden, sondern ist nur im Hinblick auf den zu erfüllenden Zweck 'brauchbar' oder 'unbrauchbar'. Es handelt sich bei den Clusteranalysemethoden nicht um Verfahren, "die von einem fest definierten Ausgangszustand zu einem definierten Endzustand führen, sondern um Modelle, die unter gewissen Prämissen eine ökonomische Abbildung des Gegenstandsbereichs ermöglichen" (STEINHAUSEN, LANGER 1977, S. 25).

Deshalb sind die Vorbereitungen der Clusteranalyse im Hinblick auf die Auswahl der betrachteten Merkmale von entscheidender Bedeutung, da sie zum einen die Bildung der Typen festlegen und zum anderen aber auch vom Anwender zur inhaltlichen Beschreibung der Unterschiede zwischen den Typen herangezogen werden müssen. Durch die sorgfältige Auswahl der Merkmale im Rahmen der Konzeptualisierung sowie durch die Quantifizierung der Merkmale im Rahmen der Operationalisierung, ist diese Voraussetzung erfüllt.

Eine zweite Voraussetzung wird an das Datenmaterial direkt gestellt: Die für eine Typisierung herangezogenen Merkmale dürfen keine gegenseitigen Abhängigkeiten aufweisen, das heißt, sie müssen unkorreliert sein. Sind zwei Merkmale korreliert, so kann sich nach BACKHAUS u. a. (1987, S. 155) eine Überbetonung des Ähnlichkeitsaspekts ergeben, so daß einzelne Eigenschaften überbewertet werden und somit Fehlinterpretationen nicht auszuschließen sind. Um diesen Effekt zu vermeiden, schlagen z. B. VOGEL (1975, S. 59 f.) und

ECKES, ROSSBACH (1980, S. 43 f.) vor, alle hochkorrelieren-
den Merkmale zu eliminieren oder durch Vorschalten einer
Faktorenanalyse neue, synthetische Merkmale zu bilden. Da
die Interpretation synthetischer Merkmale häufig problembe-
haftet ist (vgl. BACKHAUS u. a. 1987, S. 92), wird im Abschnitt 6.3 überprüft, ob eventuell Merkmale zu eliminieren
sind.

Die Abbildung 6-1 zeigt zusammenfassend alle für die Datenauswertung notwendigen Arbeitsschritte: Zunächst ist zu
überprüfen, welche Merkmalsskalierungen bei den Anforderungen und den Organisationsformen vorherrschen. Darauf aufbau-
end wird mit einem geeigneten Verfahren zur Feststellung von
Korrelationen das Datenmaterial auf Unabhängigkeit überprüft
und dann mit Hilfe eines Typisierungsalgorithmus die Typen-
einteilung vorgenommen. Diese Arbeitsschritte sind getrennt
für Anforderungen und Organisationsformen durchzuführen.

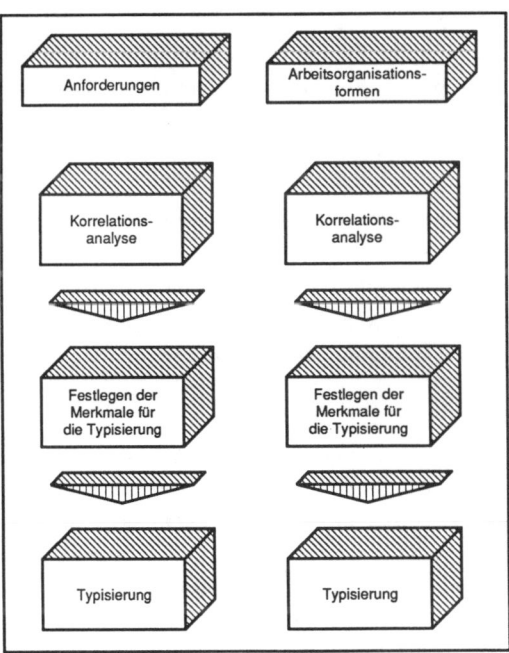

Abb. 6-1: Arbeitsschritte bei der Datenauswertung.

6.2 Merkmalsskalierungen

Sowohl die Auswahl eines geeigneten Korrelationsverfahrens
als auch die Auswahl eines Typisierungsalgorithmus hängen
von den Merkmalsskalierungen ab. Nach BAMBERG, BAUR (1987,
S. 6 f.) sind im wesentlichen drei Skalentypen zu differen-
zieren:

- Bei einer **Nominalskala** können die verschiedenen Ausprägungen eines Merkmals lediglich unterschieden werden.
- Liegt eine **Ordinal-** oder **Rangskala** zu Grunde, so können
  die verschiedenen Ausprägungen zum einen unterschieden
  werden und zum anderen aber auch in eine Rangordnung
  gebracht werden.
- Bei der **Kardinalskala** schließlich kann über die Rangfolge hinaus auch festgestellt werden, wie stark sich
  zwei Merkmalsausprägungen voneinander unterscheiden.

Der Informationsgehalt eines Merkmals hängt demnach von der
Art der Skalierung ab und ist bei der Nominalskala am geringsten und bei der Kardinalskala am größten.

Im Rahmen dieser Arbeit sind zwei Gruppen von Merkmalen zu
analysieren: Die Merkmale zur Beschreibung der Anforderungen
und die Merkmale zur Beschreibung der Organisationsformen.
In den Abbildungen 6-2 und 6-3 sind die betreffenden Merkmale noch einmal aufgeführt. Als zusätzliche Information
kann den Abbildungen der jeweilige Skalentyp entnommen
werden.

Aus den beiden Abbildungen geht deutlich hervor, daß in den
beiden zu untersuchenden Fällen jeweils genau ein Skalentyp
anzutreffen ist: Die Anforderungsmerkmale sind alle kardinal
und die Organisationsmerkmale alle nominal skaliert. Damit
sind in den weiteren Arbeitsschritten keinerlei Skalierungs-
transformationen notwendig, um jeweils ein einheitliches
Skalenniveau zu erreichen.

Lfd. Nr.	Teilfunktion	Merkmalsskalierung
1	Anzahl Mitarbeiter in der Konstruktion	
2	Anzahl Mitarbeiter in der NC-Programmierung	
3	Ø Wiederholhäufigkeit pro Jahr	
4	Ø Anzahl neuer Aufträge pro Monat	
5	Ø Anteil der Eilaufträge	
6	Änderungsanteil	kardinal
7	Ø Anzahl Aufspannungen pro Werkstück	
8	Standardisierbarkeit des Werkstückspektrums	
9	Variantenanteil	
10	Anzahl CAD-Arbeitsplätze	
11	Anzahl NC-Programmierplätze	
12	CAD-Anteil bei Neukonstruktionen	

Abb. 6-2: Die Anforderungsmerkmale mit den jeweiligen Skalentypen

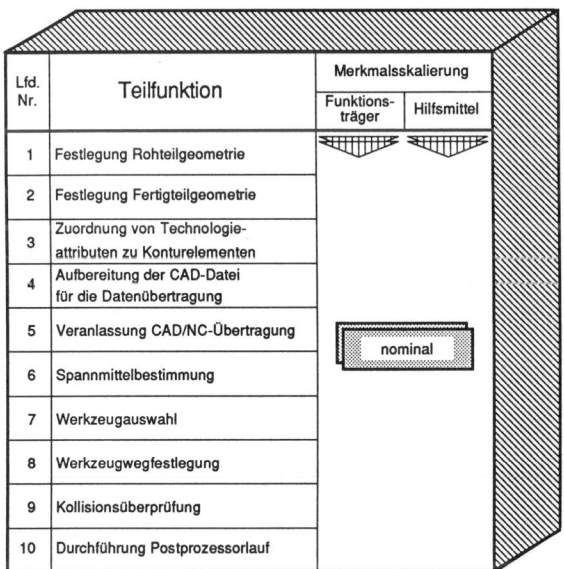

Lfd. Nr.	Teilfunktion	Merkmalsskalierung	
		Funktionsträger	Hilfsmittel
1	Festlegung Rohteilgeometrie		
2	Festlegung Fertigteilgeometrie		
3	Zuordnung von Technologieattributen zu Konturelementen		
4	Aufbereitung der CAD-Datei für die Datenübertragung		
5	Veranlassung CAD/NC-Übertragung	nominal	
6	Spannmittelbestimmung		
7	Werkzeugauswahl		
8	Werkzeugwegfestlegung		
9	Kollisionsüberprüfung		
10	Durchführung Postprozessorlauf		

Abb. 6-3: Die Organisationsmerkmale mit den jeweiligen Skalentypen

6.3 Test der Merkmale auf gegenseitige Abhängigkeiten

Aus den Vorüberlegungen zur Clusteranalyse ist bereits
deutlich geworden, daß für die Interpretation der Clusterer-
gebnisse unbedingt unkorreliertes Datenmaterial notwendig
ist: Liegt eine starke Korrelation zwischen zwei oder mehr
Einflußgrößen vor und wird diese nicht durch Elimination der
betroffenen Merkmale beseitigt, so kann durch die damit
verbundene implizite Merkmalsgewichtung das Typisierungser-
gebnis unter Umständen verfälscht und somit falsche Schluß-
folgerungen gezogen werden. Insofern ist also die Analyse
des Datenmaterials im Hinblick auf etwaige Merkmalskorrela-
tionen von eminenter Bedeutung.

Die Abbildung 6-4 zeigt, welche mathematisch-statistischen
Verfahren zur Korrelationsanalyse von BAMBERG, BAUR (1987,
S. 36) in Abhängigkeit vom Skalierungsniveau vorgeschlagen
werden.

Skalierung von y / Skalierung von x	kardinal	ordinal	nominal
kardinal	Bravais-Pearson-Korrelations-koeffizient		
ordinal		Rang-korrelations-koeffizient von Spearman	
nominal			Kontingenz-koeffizient

Abb. 6-4: Einsatz verschiedener Korrelationskoeffizienten in
Abhängigkeit vom vorliegenden Skalierungsniveau
(in Anlehnung an BAMBERG, BAUR 1987, S. 36)

Danach ist für die Anforderungsmerkmale der **Korrelations-koeffizient** nach **Bravais-Pearson** und für die Organisationsmerkmale der **Kontingenzkoeffizient** nach **Pearson** geeignet.

Im weiteren werden nun die beiden Korrelationsverfahren kurz umrissen, geeignete Testverfahren zur Feststellung der Signifikanz der Korrelationsergebnisse vorgestellt sowie die Ergebnisse der Berechnungen beschrieben.

6.3.1 Korrelationsanalyse der kardinal skalierten Merkmale

Kann bei zwei kardinal skalierten Meßreihen X und Y mit jeweils n Meßergebnissen vorausgesetzt werden, daß sie normalverteilt sind, so kann der Bravais-Pearson- oder auch Produkt-Moment-Korrelationskoeffizient r_{xy} nach HARTUNG u. a. (1985, S. 546) wie folgt berechnet werden:

$$r_{xy} = \frac{\sum_{i=1}^{n} (\bar{x}_i - x) * (\bar{y}_i - y)}{\sqrt{\sum_{i=1}^{n} (x_i - \bar{x})^2 * \sum_{i=1}^{n} (y_i - \bar{y})^2}} \qquad (4-1)$$

Der Wert des Bravais-Pearson-Korrelationskoeffizienten liegt im Intervall

$$-1 \leq r_{xy} \leq 1.$$

Bei $r_{xy} = 0$ besteht zwischen den Meßreihen X und Y kein Zusammenhang; gilt $r_{xy} = 1$ bzw. $r_{xy} = -1$, so liegt eine funktional gleichläufige bzw. gegenläufige Abhängigkeit der Meßreihen X und Y vor. Die Werte zwischen den beiden aufgeführten Grenzwerten beschreiben die Stärke des Zusammenhangs zwischen den beiden Meßreihen.

Jeder so ermittelte Bravais-Pearson-Korrelationskoeffizient
ist nun daraufhin zu prüfen, ob eine Zufallsabweichung vom
Korrelationskoeffizienten 0 in der Grundgesamtheit - auch
Nullhypothese genannt - vorliegt. Bei einer vorgegebenen
Irrtumswahrscheinlichkeit α wird der Test nach R. A. Fisher
anhand der t-Verteilung mit f = n-2 Freiheitsgraden und
unter Anwendung der Testgröße

$$t = \frac{r_{xy} * \sqrt{n - 2}}{\sqrt{1 - r_{xy}^2}} \qquad (4\text{-}3)$$

durchgeführt (vgl. HARTUNG u. a. 1985, S. 547).

Gilt $t \geq t_{f;\alpha}$, so muß die Hypothese, daß r_{xy} eine Zufallsabweichung vom Korrelationskoeffizienten 0 ist, abgelehnt
werden. Das heißt, es gibt einen funktionalen Zusammenhang
zwischen den Meßreihen X und Y. Die Signifikanzschranken
$t_{f;\alpha}$ sind tabelliert (vgl. SACHS 1988, S. 231 ff.). Für die
Signifikanzprüfung ist die zweiseitige Fragestellung anzuwenden, da nicht von vorneherein die Richtung des Zusammenhangs bekannt ist (vgl. SACHS 1988, S. 124). Die zweiseitige
Fragestellung überprüft nur den Betrag des Korrelationskoeffizienten und hält länger an der Nullhypothese fest.

Das hier umrissene Verfahren zur Überprüfung der Unabhängigkeit zweier Merkmalsreihen wurde auf die im Rahmen dieser
Arbeit verwendeten kardinal skalierten Merkmale angewendet.
Die Überprüfung des Datenmaterials auf Normalverteilung
sowie die Berechnung der Bravais-Pearson-Korrelationskoeffizienten erfolgte mit dem Programm STOCHASTIK aus der Pro-
grammbibliothek des Forschungsinstituts für Rationalisierung
(FIR). Dabei wurde festgestellt, daß alle Merkmale normalverteilt sind. Die ermittelten Korrelationskoeffizienten
sind in Tabelle 6-1 dargestellt. Mit 19 Freiheitsgraden und
einer Irrtumswahrscheinlichkeit von α = 1 %, müssen die

	MA-KONSTR	MA-NC	WIEDERHOL	NEUE-AUFTR	EIL	AEND-ANT	ANZ-AUFSP	STAN-ANT	VAR-ANT	CAD-PLA	NC-PLA	CAD-ANT
MA-KONSTR	1,00											
MA-NC	0,56	1,00										
WIEDERHOL	0,45	0,43	1,00									
NEUE-AUFTR	0,02	-0,20	0,07	1,00								
EIL	-0,21	-0,29	-0,28	0,58	1,00							
AEND-ANT	0,50	0,60	0,33	-0,06	-0,24	1,00						
ANZ-AUFSP	-0,12	0,19	0,20	-0,13	0,01	0,11	1,00					
STAN-ANT	0,19	-0,06	0,17	0,06	-0,18	-0,22	-0,45	1,00				
VAR-ANT	0,02	0,28	0,24	0,00	-0,06	0,40	-0,07	0,27	1,00			
CAD-PLA	0,60	0,70	0,28	-0,08	-0,21	0,54	0,02	0,06	0,37	1,00		
NC-PLA	0,43	0,78	0,53	-0,07	-0,24	0,49	0,22	-0,08	0,20	0,39	1,00	
CAD-ANT	-0,12	-0,34	-0,07	0,20	-0,13	-0,33	-0,35	0,34	-0,02	0,17	-0,47	1,00

Tab. 6-1: Die Korrelationskoeffizienten nach Bravais-Pearson
für die kardinal skalierten Merkmale

Beträge der Korrelationskoeffizienten $|r_{xy}|$ größer als 0,55
sein, damit die Nullhypothese abgelehnt werden kann.

Die Auswertung der Tabelle 6-1 zeigt, daß einige der zwölf
Merkmale mit mindestens einem weiteren Merkmal einen stati-
stisch gesicherten Zusammenhang aufweisen.

Daher können die Merkmale

- Anzahl Mitarbeiter in der NC-Programmierung (MA-NC),
- Durchschnittlicher Anteil der Eilaufträge (EIL)
  sowie
- Anzahl der CAD-Arbeitsplätze (CAD-PLA)

nicht für die nachfolgende Clusteranalyse verwendet werden.
Die Auswahl dieser Merkmale erfolgte aufgrund sachlogischer
Überlegungen im Hinblick auf die Interpretierbarkeit (vgl.

auch Kapitel 7). Die verbleibenden Merkmale weisen mit einer Irrtumswahrscheinlichkeit $\alpha = 1\ \%$ keinen funktionalen Zusammenhang untereinander auf.

6.3.2 Kontingenzanalyse der nominal skalierten Merkmale

Das adäquate Zusammenhangsmaß für zwei Meßreihen X und Y, die nominal skalierte Merkmale aufweisen, ist nach Abbildung 6-4 der Kontingenzkoeffizient. Kontingenzkoeffizienten werden im allgemeinen anhand von Kontingenztafeln ermittelt, bei denen die Häufigkeiten der möglichen Merkmalsausprägungskombinationen festgehalten werden. Bei binären Merkmalen, d. h. bei nominal skalierten Merkmalen mit genau zwei möglichen Ausprägungen, wie sie im Rahmen dieser Arbeit vorliegen, können alle Häufigkeiten h in einer sogenannten Vierfeldertafel dargestellt werden (vgl. Abb. 6-5).

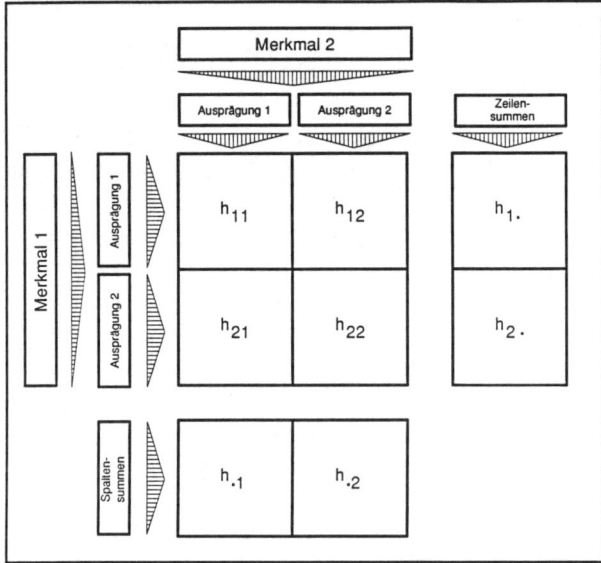

Abb. 6-5: Vierfeldertafel für zwei binär skalierte Merkmale

Nach BAMBERG, BAUR (1985, S. 40) läßt sich damit der Pearsonsche Kontingenzkoeffizient K für zwei binär skalierte Merkmale bei n Beobachtungen mit den in Abb. 6-5 eingeführten Häufigkeiten h wie folgt berechnen:

$$K = \sqrt{\frac{\chi^2}{n + \chi^2}} \, , \qquad (6-3)$$

$$\text{mit } \chi^2 = \sum_{i=1}^{2} \sum_{j=1}^{2} \frac{(h_{ij} - \tilde{h}_{ij})^2}{\tilde{h}_{ij}} \quad \text{und} \qquad (6-4)$$

$$\tilde{h}_{ij} = \frac{h_{i\cdot} * h_{\cdot j}}{n} \, . \qquad (6-5)$$

Der Pearsonsche Kontingenzkoeffizient K nimmt den Wert 0 an, falls die beiden betrachteten Merkmale voneinander unabhängig sind. Sind die beiden Merkmale voneinander abhängig, gilt

$$0 < K < 1.$$

Der Zusammenhang zwischen den beiden betrachteten Merkmalen ist um so stärker, je größer der Wert von K ist.

Der Kontingenzkoeffizient hat den Nachteil, daß er den Wert 1 nie erreicht, sondern sich diesem Wert mit wachsendem χ^2 nur annähert. Der maximale Wert von K hängt direkt von der Spaltenzahl l und der Zeilenzahl m der Kontingenztafel ab. Deshalb wird zusätzlich der korrigierte Pearsonsche Kontingenzkoeffizient K_* eingeführt, der das Normierungsintervall [0,1] voll ausschöpft (vgl. BAMBERG, BAUR 1985, S. 40). Der korrigierte Pearsonsche Kontingenzkoeffizient ergibt sich nach folgender Formel zu:

$$K_* = \frac{K}{K_{max}} \, , \qquad (6-6)$$

$$\text{mit } K_{max} = \sqrt{\frac{\min\{k,l\} - 1}{\min\{k,l\}}} \qquad (6\text{-}7)$$

Zu beachten ist, daß der Pearsonsche Kontingenzkoeffizient K nur definiert ist, wenn alle Spalten- bzw. Zeilensummen $h._j$ bzw. $h_i.$ von Null verschiedene Werte aufweisen. Das heißt z. B., daß der Pearsonsche Kontingenzkoeffizient K für zwei Merkmale, bei denen eine Merkmalsausprägung zumindest bei einem Merkmal nicht vorkommt, nicht definiert ist.

Unter Zuhilfenahme der Prüfgröße v, mit

$$v = \sum_{i=0}^{1} \sum_{j=0}^{1} \frac{(h_{ij} - \tilde{h}_{ij})^2}{\tilde{h}_{ij}} \qquad (6\text{-}8)$$

kann nach BAMBERG, BAUR (1985, S. 202 f.) getestet werden, ob bei einer vorgegebenen Irrtumswahrscheinlichkeit α zwei Merkmale voneinander abhängig sind. Die Nullhypothese, daß die beiden Merkmale in der Grundgesamtheit voneinander unabhängig sind, wird genau dann abgelehnt, wenn die Prüfgröße v innerhalb eines Verwerfungsbereichs B liegt, also

$$v \in B$$

gilt.

Der Verwerfungsbereich B wird mit dem Fraktilswert $x_{1-\alpha}$ der Irrtumswahrscheinlichkeit α und der χ^2 (1)-Verteilung bei einem Freiheitsgrad zu B = $(x_{1-\alpha}, \infty)$ festgelegt. Die χ^2 (1)-Verteilung liegt in tabellierter Form vor (vgl. z. B. BAMBERG, BAUR 1985, S. 314 ff.).

Die EDV-technische Ermittlung der Prüfgrößen v und der korrigierten Pearsonschen Kontingenzkoeffizienten erstreckt

sich über insgesamt 40 Merkmale. Dieses ist deshalb notwendig, da die 20 aus Abbildung 4-16 bekannten Merkmale jeweils
zwei Ausprägungen aufweisen und diese Ausprägungen nicht nur
alternativ sondern auch gemeinsam vorkommen können (vgl.
4.2.2). So kann zum Beispiel die Teilfunktion 'Festlegung
der Rohteilgeometrie' nur vom Konstrukteur, nur vom NC-
Programmierer oder von beiden gemeinsam durchgeführt werden.
Um diese Fälle zu erfassen, wurden die beiden möglichen
Funktionsträger und die beiden Hilfsmittel als getrennte
Merkmale ausgewertet, so daß sich für die zehn Teilfunktionen insgesamt 40 Merkmale ergeben.

Bei 13 der 40 zu untersuchenden Merkmale konnte der Kontingenzkoeffizient nicht berechnet werden, da die Merkmale bei
allen 21 Betrieben die gleiche Ausprägung besitzen. Kon-
stante Merkmale sind aber für die nachfolgende Typenbildung
nicht von Interesse, so daß im folgenden nur noch die verbliebenen 27 Merkmale betrachtet werden. Zur Vereinfachung
der Ergebnisdarstellung der Kontingenzanalyse werden in
Abbildung 6-6 den weiter zu berücksichtigenden Merkmalen
Merkmalsnummern zugewiesen, auf die im weiteren zurückgegriffen wird.

Die Tabelle 6-2 zeigt die ermittelten Prüfgrößen v. Der
Verwerfungsbereich B mit einer Irrtumswahrscheinlichkeit α
von 1 % ergibt sich zu B = (6,33; ∞). Da nur die Diagonal-
elemente der Tabelle im Verwerfungsbereich B liegen, kann
davon ausgegangen werden, daß alle betrachteten Merkmale mit
einer Irrtumswahrscheinlichkeit von 1 % als voneinander
unabhängig betrachtet werden können. Die Tabelle 6-3 enthält
schließlich noch die berechneten korrigierten Pearsonschen
Kontingenzkoeffizienten.

6.4 Auswahl und Anwendung geeigneter Typisierungsverfahren

STEINHAUSEN, LANGER (1977, S. 16 ff.) stellen bei der allgemeinen Betrachtung des Klassifizierungsproblems fest, daß es

Lfd. Nr.	Teilfunktion	Merkmalsnummer			
		Funktions-träger		Hilfsmittel	
		CAD-Konst.	NC-Pro-gram.	CAD-System	NC-Pro.-System
1	Festlegung Rohteilgeometrie	1	2	3	4
2	Festlegung Fertigteilgeometrie		5		6
3	Zuordnung von Technologie-attributen zu Konturelementen	7	8	9	10
4	Aufbereitung der CAD-Datei für die Datenübertragung	11	12	13	14
5	Veranlassung CAD/NC-Übertragung	15	16	17	18
6	Spannmittelbestimmung			19	20
7	Werkzeugauswahl			21	22
8	Werkzeugwegfestlegung			23	24
9	Kollisionsüberprüfung			25	26
10	Durchführung Postprozessorlauf				27

Abb. 6-6: Zuordnung von Merkmalsnummern zu den Arbeitsor-
ganisationsmerkmalen

bereits bei kleiner Variablenzahl, d. h. bei einer geringen
Anzahl Merkmale, nahezu unmöglich ist, alle Gruppierungen zu
bilden und zu bewerten. In der Literatur sind eine Reihe
von Lösungsvorschlägen zur Optimierung des Klassifizierungsproblems zu finden (vgl. z. B. BACKHAUS u. a. 1987, S. 115
ff.; STEINHAUSEN, LANGER 1977; BOCK 1974; VOGEL 1975; FAHR-
MEIR, HAMERLE 1984, S. 371 ff. oder HARTUNG, ELPELT 1986,
S. 443 ff.), so daß hier nur die Gründe für die Verfahrens-
auswahl dargelegt werden.

Aus Gründen der Rechenzeitoptimierung wurde eine zweistufige
Vorgehensweise gewählt:

Ausgabe der Prüfgrößen v für den Signifikanztest

****

	1	2	3	4	5	6	7	8	9	10	11	12	13	14	15	16	17	18	19	20	21	22	23	24	25	26	27
1	21.0																										
2	5.4	21.0																									
3	5.7	5.4	21.0																								
4	5.2	6.0	5.2	21.0																							
5	0.0	4.3	1.1	6.0	21.0																						
6	0.0	4.3	1.1	6.0	6.3	21.0																					
7	0.0	0.4	0.2	0.4	0.2	0.2	21.0																				
8	1.1	0.0	0.0	0.1	0.6	0.6	7.2	21.0																			
9	0.4	0.0	0.3	0.1	0.1	0.1	5.7	0.5	21.0																		
10	0.3	0.4	0.0	0.1	1.6	0.6	1.3	6.0	0.8	21.0																	
11	0.2	0.1	0.4	1.0	1.6	0.1	2.1	1.0	0.1	0.1	21.0																
12	0.8	3.2	0.2	1.0	1.0	1.0	3.5	2.5	1.2	1.2	5.1	21.0															
13	1.9	0.4	0.8	1.4	1.4	1.4	0.9	0.4	0.0	0.0	3.3	1.1	21.0														
14	0.4	3.0	1.9	0.4	0.2	0.2	0.0	2.9	5.7	0.0	0.1	5.7	0.9	21.0													
15	3.0	3.0	0.4	5.2	5.2	0.2	0.9	0.4	0.9	5.7	1.6	0.9	0.9	0.0	21.0												
16	0.4	2.7	3.0	0.1	0.5	0.5	0.9	1.6	0.9	0.9	0.1	0.0	0.9	0.0	6.0	21.0											
17	1.5	0.4	3.0	1.6	3.2	0.1	0.9	1.6	1.1	0.1	0.1	0.5	0.0	5.7	5.5	2.7	21.0										
18	0.1	0.4	0.6	1.0	2.8	0.3	1.4	4.3	1.1	0.5	0.0	0.0	0.0	0.0	2.0	5.5	6.0	21.0									
19	0.0	0.7	0.2	1.0	0.3	0.6	2.6	2.4	1.7	0.1	0.1	1.4	0.5	2.0	1.6	0.1	1.2	0.3	21.0								
20	0.2	0.0	0.5	0.9	0.6	1.0	0.5	0.1	0.4	0.1	4.2	1.7	0.1	0.5	1.4	0.4	0.4	0.0	5.5	21.0							
21	1.4	0.0	0.8	1.4	1.4	1.4	1.1	2.5	5.7	1.7	1.7	0.6	5.7	1.4	2.2	0.1	1.5	0.8	2.5	0.3	21.0						
22	0.5	0.5	0.2	1.0	0.0	1.0	3.3	1.0	1.7	1.7	0.4	0.2	0.1	1.7	0.4	0.6	1.2	0.9	1.0	0.1	1.7	21.0					
23	2.5	0.1	0.2	0.4	0.4	0.4	2.6	0.3	0.6	0.1	4.2	1.4	0.7	0.1	5.2	0.0	0.0	0.3	6.0	0.5	6.3	5.2	21.0				
24	0.2	0.2	0.2	0.4	0.1	0.1	2.6	0.6	0.1	1.7	1.4	3.4	0.2	1.7	0.4	1.2	1.5	0.6	0.8	1.0	0.1	2.5	5.2	21.0			
25	2.0	0.0	0.0	0.6	0.1	0.1	2.6	1.1	0.4	0.1	4.2	0.2	0.1	2.9	5.2	5.2	0.0	0.3	6.0	3.9	0.5	0.5	0.2	2.6	21.0		
26	1.2	4.5	1.2	2.0	2.0	2.0	0.0	0.4	0.3	0.3	0.6	5.1	0.0	0.4	0.4	0.4	1.5	0.6	1.1	0.5	0.5	0.5	2.1	4.5	1.1	21.0	
27	0.2	1.0	0.2	0.4	0.4	0.4	0.3	1.7	0.6	0.5	0.5	0.2	0.3	0.6	0.6	0.6	1.2	0.8	2.6	0.5	6.0	0.2	2.1	0.1	2.6	0.2	21.0

Tab. 6-2: Die berechneten Prüfgrößen v der binär skalierten Merkmale

Ausgabe der korrigierten Pearsonschen Kontingenzkoeffizienten

	1	2	3	4	5	6	7	8	9	10	11	12	13	14	15	16	17	18	19	20	21	22	23	24	25	26	27
1	1.00																										
2	0.64	1.00																									
3	0.65	0.64	1.00																								
4	0.63	0.67	0.63	1.00																							
5	0.05	0.58	0.32	0.67	1.00																						
6	0.05	0.58	0.32	0.68	0.15	1.00																					
7	0.02	0.19	0.02	0.20	0.15	0.15	1.00																				
8	0.32	0.04	0.05	0.09	0.23	0.23	0.51	1.00																			
9	0.18	0.05	0.17	0.09	0.09	0.23	0.65	0.67	1.00																		
10	0.17	0.05	0.18	0.09	0.38	0.38	0.35	0.22	0.27	1.00																	
11	0.12	0.10	0.12	0.31	0.31	0.31	0.43	0.31	0.10	0.10	1.00																
12	0.27	0.51	0.27	0.35	0.35	0.54	0.46	0.33	0.33	0.10	0.63	1.00															
13	0.40	0.19	0.40	0.20	0.15	0.29	0.20	0.03	0.03	0.03	0.52	0.31	1.00														
14	0.18	0.47	0.50	0.63	0.63	0.63	0.03	0.49	0.01	0.65	0.10	0.65	0.29	1.00													
15	0.50	0.47	0.50	0.09	0.22	0.22	0.29	0.38	0.29	0.29	0.38	0.29	0.29	0.01	1.00												
16	0.18	0.47	0.50	0.09	0.09	0.22	0.29	0.38	0.29	0.29	0.06	0.06	0.29	0.67	0.47	1.00											
17	0.36	0.20	0.03	0.25	0.52	0.52	0.48	0.58	0.32	0.32	0.22	0.19	0.05	0.65	0.47	0.67	1.00										
18	0.10	0.19	0.24	0.13	0.17	0.17	0.35	0.45	0.39	0.12	0.00	0.11	0.35	0.42	0.42	0.64	0.67	1.00									
19	0.05	0.25	0.05	0.53	0.23	0.23	0.31	0.09	0.09	0.09	0.09	0.35	0.15	0.38	0.38	0.09	0.33	0.31	1.00								
20	0.12	0.10	0.12	0.58	0.31	0.31	0.22	0.00	0.19	0.10	0.10	0.39	0.52	0.38	0.19	0.10	0.19	0.65	0.16	1.00							
21	0.35	0.02	0.22	0.28	0.28	0.28	0.25	0.22	0.11	0.11	0.32	0.19	0.25	0.11	0.35	0.43	0.07	0.46	0.39	0.44	1.00						
22	0.21	0.22	0.27	0.35	0.35	0.35	0.22	0.43	0.43	0.65	0.19	0.23	0.13	0.65	0.06	0.22	0.46	0.27	0.31	0.10	0.16	1.00					
23	0.46	0.10	0.10	0.10	0.15	0.24	0.31	0.10	0.10	0.10	0.39	0.39	0.22	0.10	0.19	0.19	0.22	0.28	0.31	0.10	0.39	0.68	1.00				
24	0.15	0.29	0.15	0.20	0.20	0.39	0.18	0.24	0.24	0.39	0.22	0.53	0.39	0.24	0.24	0.24	0.32	0.27	0.47	0.22	0.10	0.46	0.43	1.00			
25	0.41	0.04	0.05	0.23	0.09	0.09	0.47	0.09	0.09	0.09	0.58	0.15	0.09	0.63	0.63	0.63	0.04	0.17	0.67	0.31	0.22	0.21	0.63	0.47	1.00		
26	0.32	0.59	0.32	0.41	0.41	0.63	0.32	0.18	0.17	0.24	0.63	0.02	0.49	0.18	0.18	0.36	0.36	0.24	0.32	0.56	0.22	0.32	0.12	0.59	0.32	1.00	
27	0.15	0.15	0.15	0.20	0.20	0.20	0.18	0.20	0.39	0.24	0.22	0.13	0.18	0.24	0.24	0.24	0.32	0.27	0.47	0.22	0.67	0.13	0.43	0.07	0.47	0.15	1.00

__Tab. 6-3:__ Die berechneten korrigierten Pearsonschen Kontingenzkoeffizienten der binär skalierten Merkmale

- Zunächst wird mittels eines hierarchisch-agglomerativen Verfahrens, bei dem zunächst jedes Objekt einer eigenen Gruppe zugeordnet wird und dann schrittweise einzelne Gruppen zu neuen Gruppen verschmolzen werden, bis schließlich nur noch eine einzige Gruppe übrigbleibt, die alle Objekte enthält (vgl. z. B. BACKHAUS u. a. 1987, S. 134 f.), eine vorläufige Partition (Verteilung) ermittelt, die im zweiten Schritt optimiert wird (vgl. STEINHAUSEN, LANGER 1977, S. 75).

- Da bei den hierarchischen Verfahren immer jeweils zwei Gruppen zu einer neuen Gruppe verschmolzen werden und einmal vorgenommene Verschmelzungen nicht wieder rückgängig gemacht werden können (vgl. BACKHAUS u. a. 1987, S. 134), ist das Ergebnis einer hierarchischen Vorgehensweise nicht immer die optimale Gruppierung. Deshalb wird die mittels des hierarchischen Verfahrens gewonnene Partition als Anfangspartition für ein partitionierendes Verfahren genutzt, bei dem ein Gütekriterium optimiert wird und auch vorgenommene Verschmelzungen wieder rückgängig gemacht werden (vgl. STEINHAUSEN, LANGER 1977, S. 75).

In Abschnitt 4.1 wurde bereits darauf hingewiesen, daß die Typisierungsverfahren aufgrund der Merkmalsskalierungen ausgewählt werden müssen. Zur Typisierung der Anforderungen und der Arbeitsorganisationsformen müssen deshalb zwei verschiedene Verfahren gewählt werden. Im weiteren werden die ausgewählten Verfahren kurz umrissen und die Gründe dargelegt, die zur getroffenen Wahl geführt haben.

6.4.1 Typisierung der Anforderungen

Bei den Anforderungsmerkmalen handelt es sich, wie im Abschnitt 6.2 bereits gezeigt, ausschließlich um kardinal skalierte Merkmale, bei denen zur Bestimmung der Beziehung zweier Objekte im allgemeinen ihre Distanz herangezogen wird. Ähnliche Objekte weisen dabei ein kleine Distanz, unähnliche Objekte eine große Distanz auf.

Simulationsstudien von BERGS (1981, S. 97) haben gezeigt, daß von den üblicherweise eingesetzten Verfahren nur das Verfahren nach WARD (vgl. z. B. STEINHAUSEN, LANGER 1977, S. 79 ff.) als einziges Verfahren sehr gute Partitionen liefert und in den meisten Fällen die richtige Clusteranzahl signalisiert.

Da dieses Verfahren primär für quadrierte euklidische Distanzen als Distanzmaß entwickelt wurde (vgl. STEINHAUSEN, LANGER 1977, S. 81), wird als Distanzmaß die quadrierte euklidische Distanz verwendet.

Zur Sicherstellung der Vergleichbarkeit der einzelnen Merkmale wird, wie z. B. in BACKHAUS u. a. (1987, S. 115) oder STEINHAUSEN, LANGER (1977, S. 56 f.) empfohlen, die z-Transformation eingesetzt, mit der alle Merkmale auf einen Mittelwert von 0 und eine Varianz von 1 transformiert werden (standardisierte und normierte Merkmale). Für einen mittels der z-Transformation ermittelten Variablenwert z_{il} gilt:

$$z_{il} = \frac{x_{il} - \bar{x}_{.l}}{s_l} \qquad (6-9)$$

mit

$$\bar{x}_{.l} = \frac{1}{n} \sum_{i=1}^{n} x_{il} \quad , \qquad (6-10)$$

$$s_l = \frac{1}{n} \sum_{i=1}^{n} (x_{il} - \bar{x}_{.l})^2 \quad , \qquad (6-11)$$

n = Anzahl der Objekte,

x_{il} = l-tes Merkmal des Objektes i und

z_{il} = z-transformiertes Merkmal x_{il} .

Zur Optimierung der ermittelten Typen wird schließlich noch das bei STEINHAUSEN, LANGER (1977, S. 118 ff.) beschriebene Austauschverfahren eingesetzt.

Die EDV-technische Realisation der hier beschriebenen Verfahren erfolgte durch das Programmsystems STOCHASTIK aus der FIR-Programmbibliothek, das für die Durchführung der einzelnen Arbeitsschritte auf Module der SIEMENS Methodenbank MEB-STAT zurückgreift. STOCHASTIK ist in BS2000-Pascal V3.1b codiert und zur Zeit auf einer SIEMENS 7.536 unter BS2000 V7.5 implementiert.

Die Abbildung 6-7 zeigt in Form eines Dendrogramms das Ergebnis des hierarchischen Clusterverfahrens zur Ermittlung der Anforderungstypen.

Als Datenbasis liegen die neun aus Abschnitt 6.3.1 verbliebenen Merkmale zugrunde. Die gestrichelte Hilfslinie weist auf die Unterscheidung von vier Anforderungstypen hin, die zum einen im Dendrogramm deutlich voneinander zu unterscheiden sind und zum anderen aufgrund inhaltlicher Überlegungen als gerechtfertigt erscheinen (vgl. Abschnitt 7.1).

Die Verteilung der Untersuchungsfelder auf diese vier Anforderungstypen bilden die Eingangsparameter für das Austauschverfahren. Die endgültige Zuordnung von Untersuchungsfeldern zu Anforderungstypen kann der Abbildung 6-8 entnommen werden.

6.4.2   Typisierung der Arbeitsorganisationsformen

Prinzipiell eignet sich die in 6.4.1 vorgeschlagene Vorgehensweise auch zur Typisierung der Arbeitsorganisationsformen. Die notwendigen Änderungen beschränken sich auf die Auswahl eines anderen Distanzmaßes (vgl. z. B. STEINHAUSEN, LANGER 1977, S. 53 ff.) sowie auf den Wegfall der z-Trans-

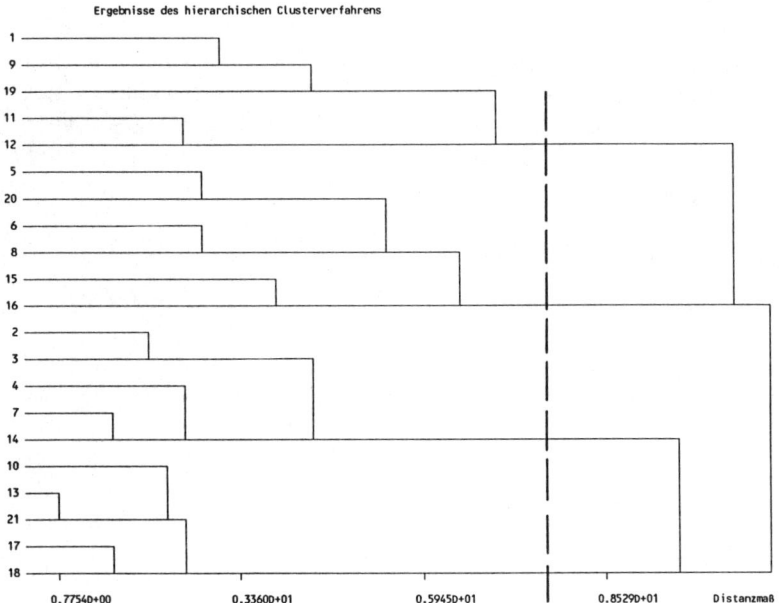

Abb. 6-7: Ergebnisse des hierarchischen Clusterverfahrens zur Ermittlung der Anforderungstypen

formation, die bei nominal skalierten Merkmalen nicht anwendbar ist.

Als Alternative bietet sich die Entropieanalyse oder auch 'Information Analysis' an, die speziell für nominal skalierte Merkmale entwickelt wurde (vgl. VOGEL 1975, S. 253). Die Entropieanalyse beruht auf einer informationstheoretischen Grundgröße, der Entropie einer Wahrscheinlichkeitsverteilung.

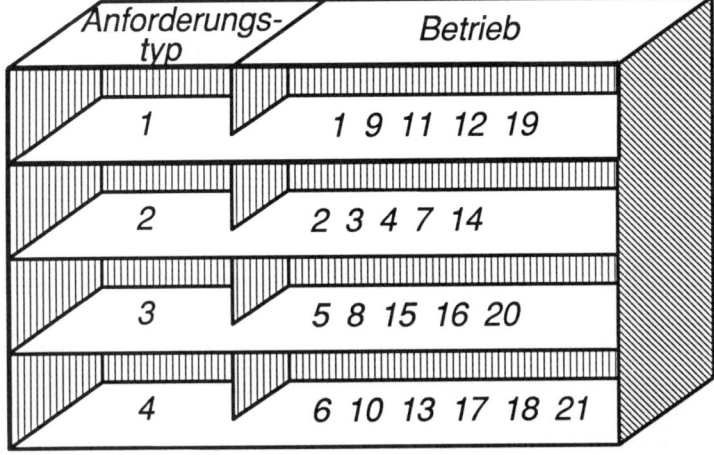

Abb. 6-8: Die endgültige Verteilung der Anforderungstypen
nach Anwendung des Austauschverfahrens

Sie liefert sowohl ein Heterogenitätsmaß, eine Distanzfunk-
tion als auch ein Gütekriterium, das zur Verbesserung einer
Startpartition ausgewertet werden kann. Bei der Entropieanalyse sind bis auf die Art der Merkmalsskalierungen und
der Unkorreliertheit der Merkmale keinerlei weitere Anforderungen an das Datenmaterial zu stellen (vgl. VOGEL 1975,
S. 290).

Beim Vergleich der Einsatzmöglichkeiten einer Clusteranalyse
mittels des Verfahrens nach WARD und der Entropieanalyse
kommt VOGEL (1975, S. 335) zu folgenden Ergebnissen:

- Die Gefahr, daß den Daten eine Modellstruktur aufoktroy-
  iert wird, ist bei dem Verfahren nach WARD höher als bei
  der Entropieanalyse.
- Hinsichtlich globaler Gütekriterien, wie z. B. Entropie
  oder Fehlerquadratsummen, verhalten sich beide Verfahren
  ähnlich.
- Methodisch ist die Entropieanalyse vorzuziehen.

Darüberhinaus liegen - wie bereits erläutert - die Merkmale zur Arbeitsorganisation in nominal skalierter Form vor. Das Verfahren nach WARD ist vom Ansatz her für kardinal skalierte Merkmale entwickelt worden (vgl. GÜTTLER 1978, S. 96; STEINHAUSEN, LANGER 1977, S. 81), so daß aus dieser Sichtweise heraus hier die Entropieanalyse vorzuziehen ist. Aufgrund dieser Vorteile und der Tatsache, daß in vergleichbaren Arbeiten, wie z. B. JÜTTING (1986), NITZSCHE (1987) und WEINGÄRTNER (1988), sehr gute Ergebnisse über die Entropieanalyse erzielt worden sind, soll dieses Verfahren auch in dieser Arbeit für die Typisierung der Arbeitsorganisationsformen eingesetzt werden. Auf eine grundsätzliche Beschreibung des Verfahrens soll an dieser Stelle verzichtet werden; die Arbeiten von BOCK (1974) und VOGEL (1975) beinhalten sehr gute Darstellungen der Entropieanalyse.

Die praktische Datenauswertung erfolgt mit den Programmen ENTROPIE und AUSTAUSCHEN aus der FIR-Programmbibliothek. Beide Programme sind in BS2000-Pascal V3.1b codiert und zur Zeit auf einer SIEMENS 7.536 unter BS2000 V7.5 implementiert.

Zunächst wird mit dem Programm ENTROPIE ein hierarchischagglomeratives Verfahren aufgerufen, das als Ergebnis die Startpartition für das iterative Austauschverfahren liefert. In Abbildung 6-9 ist das Ergebnis dieses Programmlaufs in Form eines Dendrogramms dargestellt. Deutlich sind vier Gruppierungen erkennbar.

Diese vier Gruppierungen bilden die Eingabegrößen für das Programm AUSTAUSCHEN. In AUSTAUSCHEN wird die Homogenität der Gruppen aus der Startpartition unter Zuhilfenahme des bereits erwähnten Gütekriteriums optimiert und eine Endpartition berechnet. Die endgültige Partition ist in Abbildung 6-10 dargestellt.

Entropieanalyse - Ergebnisse in Prozent des Maximalwerts 1432.45 Bit

Anzahl der bearbeiteten Objekte: 21
Anzahl der bearbeiteten Datensätze: 21

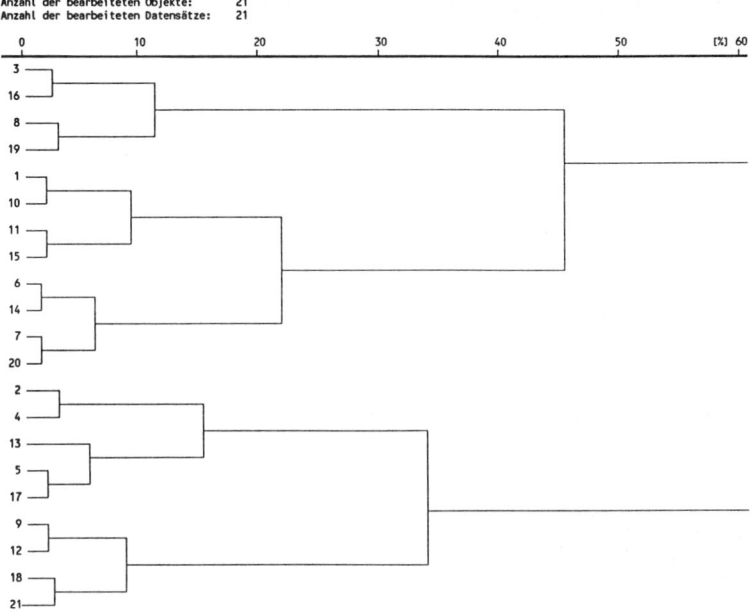

Abb. 6-9: Das Ergebnis des hierarchisch-agglomerativen Teils
der Typenbildung der Arbeitsorganisationsformen

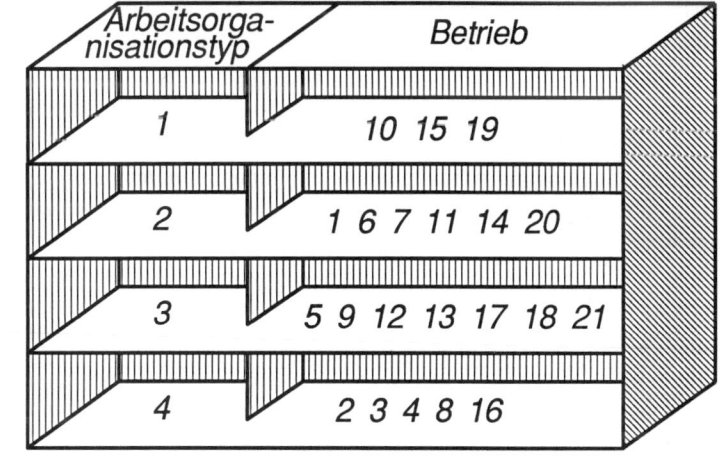

Abb. 6-10: Die endgültige Verteilung der Arbeitsorganisationstypen nach Anwendung des Austauschverfahrens

7 Ableitung der Entscheidungshilfen für die Gestaltung der Arbeitsorganisation

In diesem Abschnitt werden die Ergebnisse aus den beiden angewendeten typenbildenden Verfahren dargestellt und inhaltlich interpretiert. Dabei ist zu überprüfen, ob die eingesetzten Verfahren der multivariaten Statistik, die ausgewählten Merkmale und die aufgrund der erzielten Ergebnisse gewählte Typenanzahl zu in sich schlüssigen Ergebnissen geführt haben.

Anzumerken ist an dieser Stelle, daß sowohl bei den Anforderungen als auch bei den Arbeitsorganisationsformen keine scharf voneinander abgegrenzten Klassen, sondern Typen mit teilweise fließenden Übergängen gesucht wurden (vgl. 4.1). Deshalb gibt es für die Einordnung eines weiteren Unternehmens in einen Anforderungs- oder einen Arbeitsorganisationstyp unter Umständen einen Ermessensspielraum.

Der Schwerpunkt der Ausführungen liegt in der Zuordnung von Arbeitsorganisationstypen zu den Anforderungstypen durch die Analyse der Effizienzdaten. Damit werden gleichzeitig die Entscheidungshilfen für die Gestaltung der Arbeitsorganisation in den Abteilungen Konstruktion und NC-Programmierung bei Einsatz der CAD/NC-Kopplung entwickelt. Bei der Interpretation der Ergebnisse ist zu beachten, daß die Festlegung einer geeigneten Arbeitsorganisationsform nur aufgrund der im Rahmen der Datenerhebung vorgefundenen Lösungen erfolgen kann. Das heißt, daß sich die Bestimmung der geeigneten Arbeitsorganisationsform sehr stark an den zur Zeit eingesetzten Arbeitsorganisationsformen orientiert.

7.1 Darstellung der Anforderungstypen

Die Darstellung der Anforderungstypen basiert auf den neun Anforderungsmerkmalen, die in Abschnitt 6.4.1 für die Typisierung der Anforderungen herangezogen wurden. Die Reihen-

folge der Darstellung ergibt sich aus den Typisierungser-
gebnissen (vgl. Abb. 6-8).

Anforderungstyp AT 1

Die Hauptkennzeichen des ersten Anforderungstyps AT 1 (vgl.
auch Abb. 7-1) in Abgrenzung zu den anderen Anforderungstypen sind

- der geringe Änderungsanteil,
- die geringe Anzahl Aufspannungen pro Werkstück,
  die im Mittel unter zwei liegt,
- der hohe Anteil standardisierter Werkstücke sowie
- der hohe CAD-Anteil bei Neukonstruktionen.

Diesem Anforderungstyp liegt ein gut durchstrukturiertes
Werkstückspektrum zugrunde, das einen relativ hoch automatisierten Ablauf zuläßt. Dadurch ergibt sich der hohe Anteil
an standardisierten Werkstücken, der teilweise schon deutli-
che Variantenanteil sowie der hohe CAD-Anteil bei Neukonstruktionen.

Mit im Durchschnitt ca. 90 Mitarbeitern in der Abteilung
Konstruktion werden überwiegend größere Unternehmen repräsentiert. Neben dieser großen Kapazität in der Konstruktion
kann das zu bearbeitende NC-Programmiervolumen mit im Mittel
fünf NC-Programmierern pro Betrieb abgedeckt werden. Auch in
der im Verhältnis zur Anzahl Mitarbeiter in der Konstruktion
recht geringen Anzahl NC-Programmierer zeigt sich, daß die
Werkstückkomplexität eher gering ist und ein hoher Anteil an
standardisierten Werkstücken bzw. Variantenteile vorliegt.

Anforderungstyp AT 2

Der Anforderungstyp AT 2 (vgl. auch Abb. 7-2) läßt sich grob
durch

Merkmale	Ausprägungen			
Anzahl Mitarbeiter in der Konstruktion (MA-KONSTR)	1 ≤ MA-KONSTR < 50	50 ≤ MA-KONSTR < 100	MA-KONSTR ≥ 200	
Durchschnittliche Wiederholhäufigkeit eines Auftrags pro Jahr (WIEDERHOL)	0 ≤ WIEDERHOL < 1	1 ≤ WIEDERHOL < 3	3 ≤ WIEDERHOL < 5	WIEDERHOL ≥ 5
Durchschnittlicher Anteil neuer Aufträge pro Monat (NEUE-AUFTR)	1 ≤ NEUE-AUFTR < 10	10 ≤ NEUE-AUFTR < 20	20 ≤ NEUE-AUFTR < 50	NEUE-AUFTR ≥ 50
Änderungsanteil (AEND-ANT)	0 % ≤ AEND-ANT < 20 %	20 % ≤ AEND-ANT < 50 %	AEND-ANT ≥ 50 %	
Durchschnittliche Anzahl Aufspannungen pro Werkstück (ANZ-AUFSP)	1 ≤ ANZ-AUFSP < 2	ANZ-AUFSP ≥ 2		
Standardisierbarkeit des Werkstückspektrums (STAN-ANT)	0 % ≤ STAN-ANT < 15 %	15 % ≤ STAN-ANT < 30 %	STAN-ANT ≥ 30 %	
Variantenanteil (VAR-ANT)	0 % ≤ VAR-ANT < 20 %	20 % ≤ VAR-ANT < 50 %	VAR-ANT ≥ 50 %	
Anzahl NC-Programmierplätze (NC-PLA)	1 ≤ NC-PLA < 5	5 ≤ NC-PLA < 10	NC-PLA ≥ 10	
CAD-Anteil bei Neukonstruktionen (CAD-ANT)	0 % ≤ CAD-ANT < 25 %	25 % ≤ CAD-ANT < 50 %	CAD-ANT ≥ 50 %	

Abb. 7-1: Der Anforderungstyp AT 1

Merkmale	Ausprägungen			
Anzahl Mitarbeiter in der Konstruktion (MA-KONSTR)	$1 \le$ MA-KONSTR < 50	$50 \le$ MA-KONSTR < 100	MA-KONSTR ≥ 200	
Durchschnittliche Wieder- holhäufigkeit eines Auf- trags pro Jahr (WIEDERHOL)	$0 \le$ WIEDERHOL < 1	$1 \le$ WIEDERHOL < 3	$3 \le$ WIEDERHOL < 5	WIEDERHOL ≥ 5
Durchschnittlicher Anteil neuer Aufträge pro Monat (NEUE-AUFTR)	$1 \le$ NEUE-AUFTR < 10	$10 \le$ NEUE-AUFTR < 20	$20 \le$ NEUE-AUFTR < 50	NEUE-AUFTR ≥ 50
Änderungsanteil (AEND-ANT)	$0\% \le$ AEND-ANT $< 20\%$	$20\% \le$ AEND-ANT $< 50\%$	AEND-ANT $\ge 50\%$	
Durchschnittliche Anzahl Aufspannungen pro Werkstück (ANZ-AUFSP)	$1 \le$ ANZ-AUFSP < 2		ANZ-AUFSP ≥ 2	
Standardisierbarkeit des Werkstückspektrums (STAN-ANT)	$0\% \le$ STAN-ANT $< 15\%$	$15\% \le$ STAN-ANT $< 30\%$	STAN-ANT $\ge 30\%$	
Variantenanteil (VAR-ANT)	$20\% \le$ VAR-ANT $< 50\%$	$0\% \le$ VAR-ANT $< 20\%$	VAR-ANT $\ge 50\%$	
Anzahl NC-Programmier- plätze (NC-PLA)	$1 \le$ NC-PLA < 5	$5 \le$ NC-PLA < 10	NC-PLA ≥ 10	
CAD-Anteil bei Neukon- struktionen (CAD-ANT)	$0\% \le$ CAD-ANT $< 25\%$	$25\% \le$ CAD-ANT $< 50\%$	CAD-ANT $\ge 50\%$	

Abb. 7-2: Der Anforderungstyp AT 2

- einen sehr geringen Variantenanteil,
- einen sehr geringen Änderungsanteil,
- eine nur geringe Standardisierbarkeit des Werkstückspektrums sowie
- eine im Mittel größere Anzahl Aufspannungen pro Werkstück

beschreiben.

Der Konstruktions- und Fertigungsschwerpunkt liegt bei relativ komplexen Werkstücken, die untereinander wenig Ähnlichkeiten aufweisen, so daß es auch kaum Standardisierungsbestrebungen zur Vereinfachung von Konstruktion und NC-Programmierung gibt. Allerdings können einmal erstellte NC-Programme häufiger ohne größere Änderungen in Form von Wiederholaufträgen abgewickelt werden.

Die Abteilung Konstruktion ist in der Regel relativ klein; das gleiche gilt auch für die Abteilung NC-Programmierung, die nur auf eine geringere Anzahl NC-Programmierplätze zurückgreifen kann. Das Verhältnis von Mitarbeitern in der Konstruktion zu den Mitarbeitern in der NC-Programmierung ist infolge einer im allgemeinen höheren Werkstückkomplexität und des daraus resultierenden höheren Zeitbedarfs auch für die NC-Programmerstellung mit 4,8 Konstrukteuren auf einen NC-Programmierer erheblich kleiner als bei Anforderungstyp 1 mit 14,4 Konstrukteuren auf einen NC-Programmierer.

Die Nutzung der CAD-Technik ist für Neukonstruktionen noch im Aufbau begriffen. Der prozentuale Anteil liegt noch unter 50 %. Zum Teil kann dieses auf den geringen Variantenanteil und die allgemein nur geringe Standardisierbarkeit des Werkstückspektrums zurückgeführt werden, da hierdurch ein Teil der Vorteile beim CAD-Einsatz nicht genutzt werden kann und somit die CAD-Durchdringung nur langsam fortschreitet.

Anforderungstyp AT 3

Der Anforderungstyp AT 3 (vgl. auch Abb. 7-3) beschreibt die Situationen von Unternehmen mit relativ großen Konstruktionsabteilungen. Mit der großen Anzahl Konstrukteure geht eine relativ große Anzahl neuer Aufträge pro Monat und ein relativ hoher Änderungsanteil einher. Im allgemeinen arbeitet nicht jeder Konstrukteur an einem CAD-Arbeitsplatz, so daß der CAD-Anteil bei Neukonstruktionen zum Teil noch deutlich unter 50 % liegt. Die CAD/NC-Schnittstelle kann demnach nicht in vollem Umfang genutzt werden, so daß ein Großteil der Werkstattzeichnungen noch konventionell, das heißt ohne Nutzung der CAD/NC-Schnittstelle, in NC-Programme umgesetzt wird.

Weiterhin kann festgestellt werden, daß

- der Variantenanteil relativ hoch ist,
- der Änderungsanteil im Bereich zwischen 20 und 50 % liegt,
- die Standardisierbarkeit des Werkstückspektrums bis zu ca. 25 % reicht und
- die Anzahl Aufspannungen pro Werkstück im Durchschnitt bei über zwei liegt.

Damit liegen sehr gute Voraussetzungen für einen verstärkten CAD-Einsatz vor, da insbesondere durch den relativ hohen Variantenanteil und die mögliche Standardisierbarkeit des Werkstückspektrums weitere Rationalisierungsreserven erschließbar sind. Außerdem bietet sich aus den gleichen Gründen eine weitergehende Nutzung der CAD/NC-Schnittstelle an.

Die Wiederholhäufigkeit hat keinerlei Einfluß bei diesem Anforderungstyp.

Merkmale	Ausprägungen			
Anzahl Mitarbeiter in der Konstruktion (MA-KONSTR)	$1 \leq$ MA-KONSTR < 50	$50 \leq$ MA-KONSTR < 100	MA-KONSTR ≥ 200	
Durchschnittliche Wiederholhäufigkeit eines Auftrags pro Jahr (WIEDERHOL)	$0 \leq$ WIEDERHOL < 1	$1 \leq$ WIEDERHOL < 3	$3 \leq$ WIEDERHOL < 5	WIEDERHOL ≥ 5
Durchschnittlicher Anteil neuer Aufträge pro Monat (NEUE-AUFTR)	$1 \leq$ NEUE-AUFTR < 10	$10 \leq$ NEUE-AUFTR < 20	$20 \leq$ NEUE-AUFTR < 50	NEUE-AUFTR ≥ 50
Änderungsanteil (AEND-ANT)	$0\% \leq$ AEND-ANT $< 20\%$	$20\% \leq$ AEND-ANT $< 50\%$	AEND-ANT $\geq 50\%$	
Durchschnittliche Anzahl Aufspannungen pro Werkstück (ANZ-AUFSP)	$1 \leq$ ANZ-AUFSP < 2		ANZ-AUFSP ≥ 2	
Standardisierbarkeit des Werkstückspektrums (STAN-ANT)	$0\% \leq$ STAN-ANT $< 15\%$	$15\% \leq$ STAN-ANT $< 30\%$	STAN-ANT $\geq 30\%$	
Variantenanteil (VAR-ANT)	$0\% \leq$ VAR-ANT $< 20\%$	$20\% \leq$ VAR-ANT $< 50\%$	VAR-ANT $\geq 50\%$	
Anzahl NC-Programmierplätze (NC-PLA)	$1 \leq$ NC-PLA < 5	$5 \leq$ NC-PLA < 10	NC-PLA ≥ 10	
CAD-Anteil bei Neukonstruktionen (CAD-ANT)	$0\% \leq$ CAD-ANT $< 25\%$	$25\% \leq$ CAD-ANT $< 50\%$	CAD-ANT $\geq 50\%$	

Abb. 7-3: Der Anforderungstyp AT 3

Anforderungstyp AT 4

Der Anforderungstyp AT 4 (vgl. Abb. 7-4) zeichnet sich vor allem dadurch aus, daß bei einer geringen Anzahl an Konstrukteuren der CAD-Anteil bei Neukonstruktionen über 50 % liegt. Der Großteil aller Konstruktionstätigkeiten, die im Zusammenhang mit der NC-Programmierung stehen, wird CAD-unterstützt abgewickelt.

Damit bietet dieser Anforderungstyp aus diesem Blickwinkel heraus betrachtet, sehr gute Voraussetzungen für den Einsatz einer CAD/NC-Kopplung.

Die Abbildung 7-4 zeigt weiterhin, daß die Anzahl der Aufspannungen pro Werkstück und der Variantenanteil keinerlei Einfluß haben. Die Ausprägungen der Anforderungsmerkmale

- ϕ Wiederholhäufigkeit eines Auftrags pro Jahr,
- ϕ Anzahl neuer Aufträge pro Monat,
- Änderungsanteil sowie
- Standardisierbarkeit des Werkstückspektrums

liegen jeweils im unteren Skalierungsbereich.

Das heißt, daß für jede Werkstückzeichnung jeweils ein sehr hoher Bearbeitungsaufwand nötig ist. Einmal erstellte Zeichnungen bzw. NC-Programme können nur in Ausnahmefällen weiterverwendet werden. Für nahezu jeden neuen Auftrag muß die Verfahrenskette von der Konstruktion bis zur NC-Programmierung vollständig durchlaufen werden, so daß eine intensive Nutzung der CAD/NC-Schnittstelle möglich ist.

Die Standardisierungsmöglichkeiten des Werkstückspektrums werden gegebenenfalls durch den Einsatz von Varianten ausgeschöpft.

Merkmale	Ausprägungen			
Anzahl Mitarbeiter in der Konstruktion (MA-KONSTR)	$1 \leq$ MA-KONSTR < 50	$50 \leq$ MA-KONSTR < 100	MA-KONSTR ≥ 200	
Durchschnittliche Wieder- holhäufigkeit eines Auf- trags pro Jahr (WIEDERHOL)	$0 \leq$ WIEDERHOL < 1	$1 \leq$ WIEDERHOL < 3	$3 \leq$ WIEDERHOL < 5	WIEDERHOL ≥ 5
Durchschnittlicher Anteil neuer Aufträge pro Monat (NEUE-AUFTR)	$1 \leq$ NEUE-AUFTR < 10	$10 \leq$ NEUE-AUFTR < 20	$20 \leq$ NEUE-AUFTR < 50	NEUE-AUFTR ≥ 50
Änderungsanteil (AEND-ANT)	$0\% \leq$ AEND-ANT $< 20\%$	$20\% \leq$ AEND-ANT $< 50\%$	AEND-ANT $\geq 50\%$	
Durchschnittliche Anzahl Aufspannungen pro Werkstück (ANZ-AUFSP)	$1 \leq$ ANZ-AUFSP < 2		ANZ-AUFSP ≥ 2	
Standardisierbarkeit des Werkstückspektrums (STAN-ANT)	$0\% \leq$ STAN-ANT $< 15\%$	$15\% \leq$ STAN-ANT $< 30\%$	STAN-ANT $\geq 30\%$	
Variantenanteil (VAR-ANT)	$0\% \leq$ VAR-ANT $< 20\%$	$20\% \leq$ VAR-ANT $< 50\%$	VAR-ANT $\geq 50\%$	
Anzahl NC-Programmier- plätze (NC-PLA)	$1 \leq$ NC-PLA < 5	$5 \leq$ NC-PLA < 10	NC-PLA ≥ 10	
CAD-Anteil bei Neukon- struktionen (CAD-ANT)	$0\% \leq$ CAD-ANT $< 25\%$	$25\% \leq$ CAD-ANT $< 50\%$	CAD-ANT $\geq 50\%$	

Abb. 7-4: Der Anforderungstyp AT 4

7.2 Darstellung der Arbeitsorganisationstypen

Im weiteren werden die vier ermittelten Arbeitsorganisationstypen beschrieben. Es wird verdeutlicht, welcher Funktionsträger mit welchen Hilfsmitteln die bereits erläuterten Teilfunktionen im Rahmen von Konstruktion und NC-Programmierung wahrnimmt. Um die Übersichtlichkeit der Darstellung nicht einzuschränken, wurde in den Abbildungen bei den Funktionsträgern bewußt auf die Aufnahme der Teilfunktionen

- Spannmittelbestimmung,
- Werkzeugauswahl,
- Werkzeugwegfestlegung,
- Kollisionsüberprüfung und
- Durchführung Postprozessorlauf

verzichtet, da im Rahmen der Kontingenzanalyse festgestellt wurde, daß diese Teilfunktionen in allen untersuchten Unternehmen ausschließlich vom NC-Programmierer durchgeführt wurden (vgl. 6.3.2).

Arbeitsorganisationstyp 1 (AO 1)

Im Arbeitsorganisationstyp 1 (vgl. auch Abb. 7-5) legt der Konstrukteur mit dem CAD-System ausschließlich die Fertigteilgeometrie fest. Er ist quasi nur für die Erstellung einer Werkstattzeichnung als Ausgangsbasis für die nachfolgende NC-Programmierung zuständig. In die weiteren Arbeitsschritte bis zur Erstellung und Kontrolle des Steuerprogramms für die numerisch gesteuerte Werkzeugmaschine ist er nicht mehr eingebunden.

Auf der anderen Seite bekommt der NC-Programmierer die Werkstattzeichnung als Planungsgrundlage sowie Angaben zur zugehörigen CAD-Datei von der Konstruktion. Darüber hinaus erforderliche Informationen, wie z. B. die geometrischen

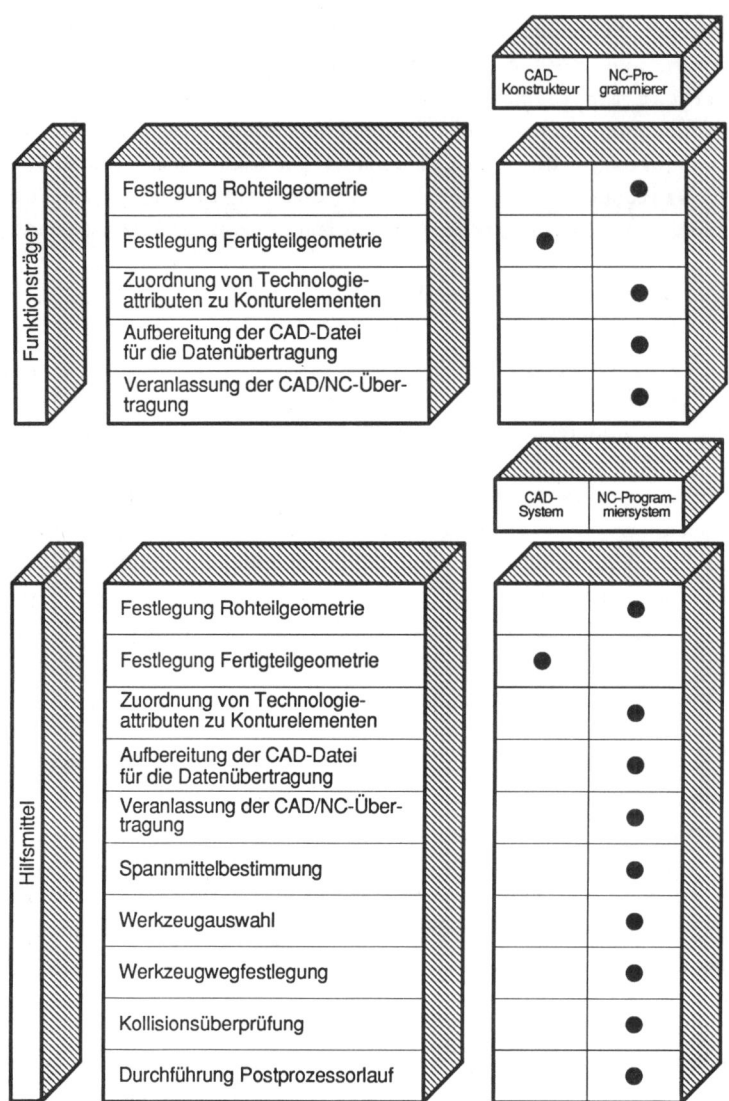

Abb. 7-5: Der Arbeitsorganisationstyp AO 1

Abmessungen des Rohteils, werden ihm von anderer Stelle vorgegeben bzw. er muß sich diese Informationen selbst beschaffen.

Über die Angaben zur CAD-Datei hat er die Möglichkeit, die Informationen aus dem CAD-System zu nutzen. Er ist allerdings für die Datenaufbereitung und die Datenselektion selbst verantwortlich. In der Regel übernimmt er die Informationen aus der CAD-Datei vollständig in das NC-Programmiersystem und wählt dort die relevanten Einzelinformationen aus.

Aus den Einzelinformationen erzeugt er Anweisungen für das NC-Programmiersystem, die er dann im weiteren Verlauf innerhalb des NC-Programmiersystems soweit vervollständigt, bis schließlich das Steuerprogramm vorliegt.

Diese Vorgehensweise entspricht in weiten Zügen der konventionellen Arbeit ohne CAD/NC-Kopplung. Insbesondere gibt es bei dieser Form der Arbeitsorganisation kaum Absprachen zwischen den Abteilungen Konstruktion und NC-Programmierung.

Arbeitsorganisationstyp 2 (AO 2)

Bei diesem Arbeitsorganisationstyp (vgl. Abb. 7-6) legt der CAD-Konstrukteur sowohl die Roh- als auch die Fertigteilgeometrie fest. Er benutzt als Hilfsmittel das CAD-System. Seine Tätigkeiten führt er in enger Absprache mit dem NC-Programmierer durch. Teilweise wird er auch aktiv vom NC-Programmierer bei der Geometriefestlegung unterstützt.

Besonders auffällig bei diesem Arbeitsorganisationstyp ist, daß der NC-Programmierer für die Erledigung seiner Arbeit als Hilfsmittel sowohl auf das NC-Programmier- als auch auf das CAD-System zurückgreift, obwohl in keinem der betroffenen Unternehmen eine integrierte Lösung (vgl. Abschnitt 2.3)

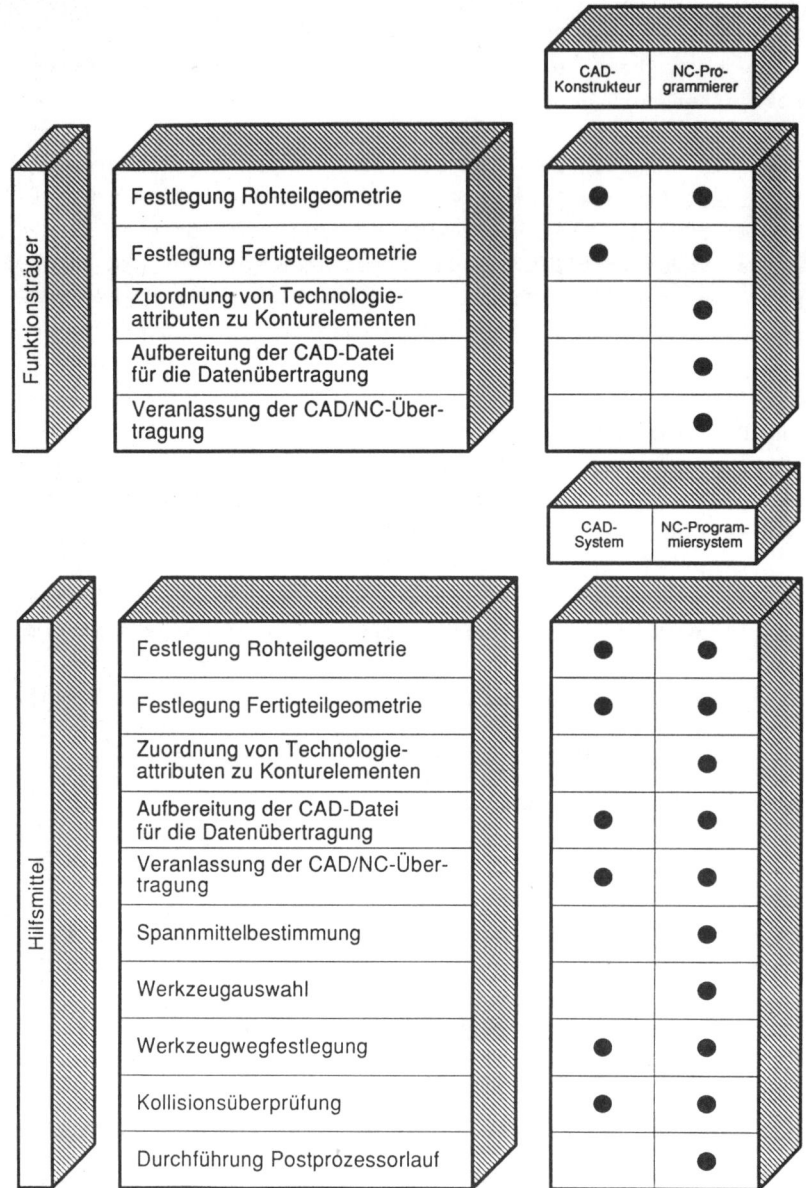

<u>Abb. 7-6:</u> Der Arbeitsorganisationstyp AO 2

angetroffen wurde. Das bedeutet, daß der NC-Programmierer auch für die Arbeit mit dem CAD-System ausgebildet sein muß und somit außerordentlich hoch qualifiziert ist.

Die gemeinschaftliche Nutzung von CAD-Arbeitsplätzen durch CAD-Konstrukteur und NC-Programmierer bedingt hier in der Regel auch, daß der Informationsaustausch zwischen den beiden Abteilungen sehr gut ist. Dadurch kann der Aufwand für die Aufbereitung der CAD-Daten für die NC-Programmierung relativ klein gehalten werden.

Dieser Organisationstyp wird häufig dort eingesetzt, wo die Graphikmöglichkeiten des NC-Programmiersystems nicht sehr weit ausgereift sind oder es gar keine Graphikunterstützung gibt. Für alle geometrieorientierten Arbeiten, wie z. B. auch die Werkzeugwegfestlegung und die Kollisionsüberprüfung, greift der NC-Programmierer auf die Graphikmöglichkeiten des CAD-Systems zurück, wenn er an die Grenzen der graphischen Kontrollmöglichkeiten des NC-Programmiersystems stößt.

Die Informationsübertragung zwischen CAD- und NC-Programmiersystem beschränkt sich in der Regel auf reine Geometriedaten. Dadurch entfällt bei diesem Typ in der Regel auch die Teilfunktion 'Zuordnung von Technologieattributen zu Konturelementen'.

Arbeitsorganisationstyp 3 (AO 3)

Der CAD-Konstrukteur legt im Rahmen seiner Konstruktionstätigkeiten die Geometrie von Roh- und Fertigteil vollständig fest. Er setzt dabei als Hilfsmittel ausschließlich das CAD-System ein (vgl. Abb. 7-7).

Hieraufhin selektiert der NC-Programmierer mit Hilfe des CAD-Systems die für die NC-Programmierung relevanten Kontur-

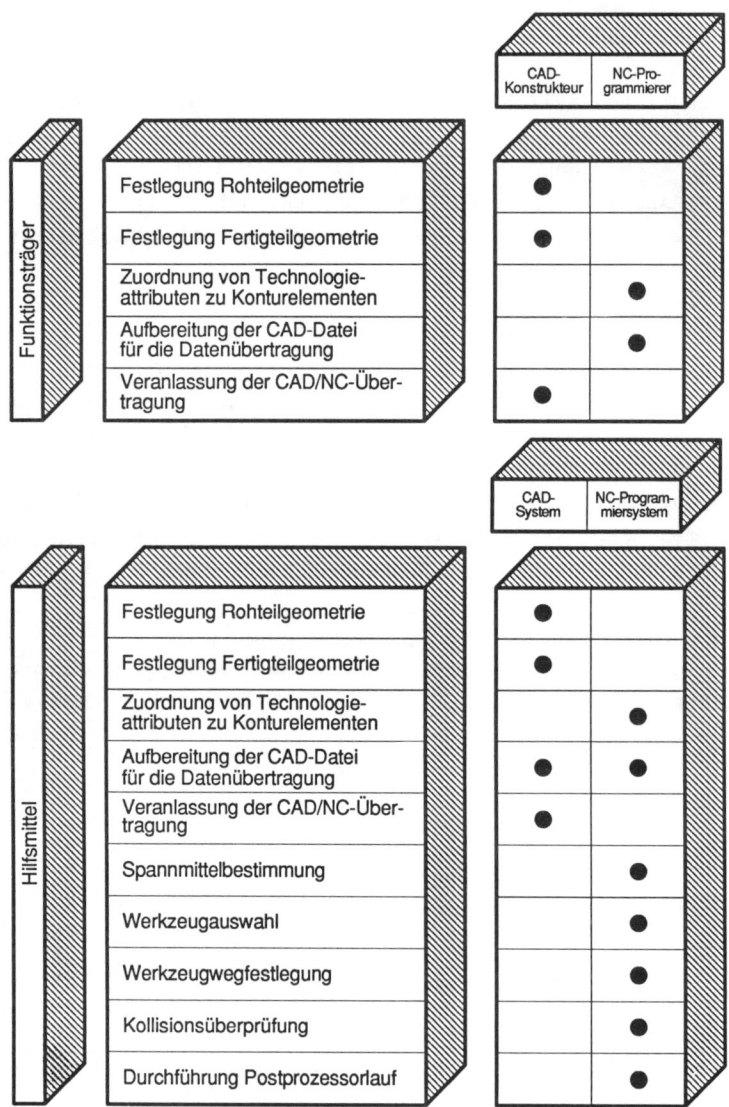

Abb. 7-7: Der Arbeitsorganisationstyp AO 3

elemente. Die Datenübertragung zum NC-Programmiersystem übernimmt wieder der CAD-Konstrukteur.

Mit dem NC-Programmiersystem selbst werden dann alle verbleibenden Tätigkeiten vom NC-Programmierer durchgeführt. Dazu gehört auch die Nachbearbeitung der von ihm selektierten Geometrieelemente.

Diese Arbeitsorganisationsform zeichnet sich genau wie die Arbeitsorganisationsform AO 1 durch eine strikte Aufgabentrennung zwischen CAD-Konstrukteur und NC-Programmierer aus. Es gibt eine genau festgelegte Vorgehensweise, die in der Regel auch eingehalten wird.

Die über die CAD/NC-Schnittstelle übertragenen Informationen werden vom NC-Programmierer persönlich ausgewählt. Hierdurch kann der Nacharbeitungsaufwand im NC-Programmiersystem verringert und somit der erreichbare Nutzen der Datenübertragung optimiert werden.

Arbeitsorganisationstyp 4 (AO 4)

Der Arbeitsorganisationstyp 4 (vgl. Abb. 7-8) ist durch eine nur geringe Aufgabenteilung zwischen CAD-Konstrukteur und NC-Programmierer gekennzeichnet.

Der Konstrukteur erstellt mit Hilfe des CAD-Systems die Roh- und Fertigteilkontur. Allerdings beschränkt sich seine Arbeit nicht auf die rein geometrische Festlegung der Teileabmessungen, sondern er ordnet den einzelnen Konturelementen auch noch Fertigungsattribute zu, die zum Teil auch in der NC-Programmierung direkt genutzt werden können. Danach gibt er den gesamten Programmierauftrag an den NC-Programmierer weiter.

Dieser setzt für seine Tätigkeiten schwerpunktmäßig das CAD-System als Hilfsmittel ein. Die Nutzung des NC-Program-

- 102 -

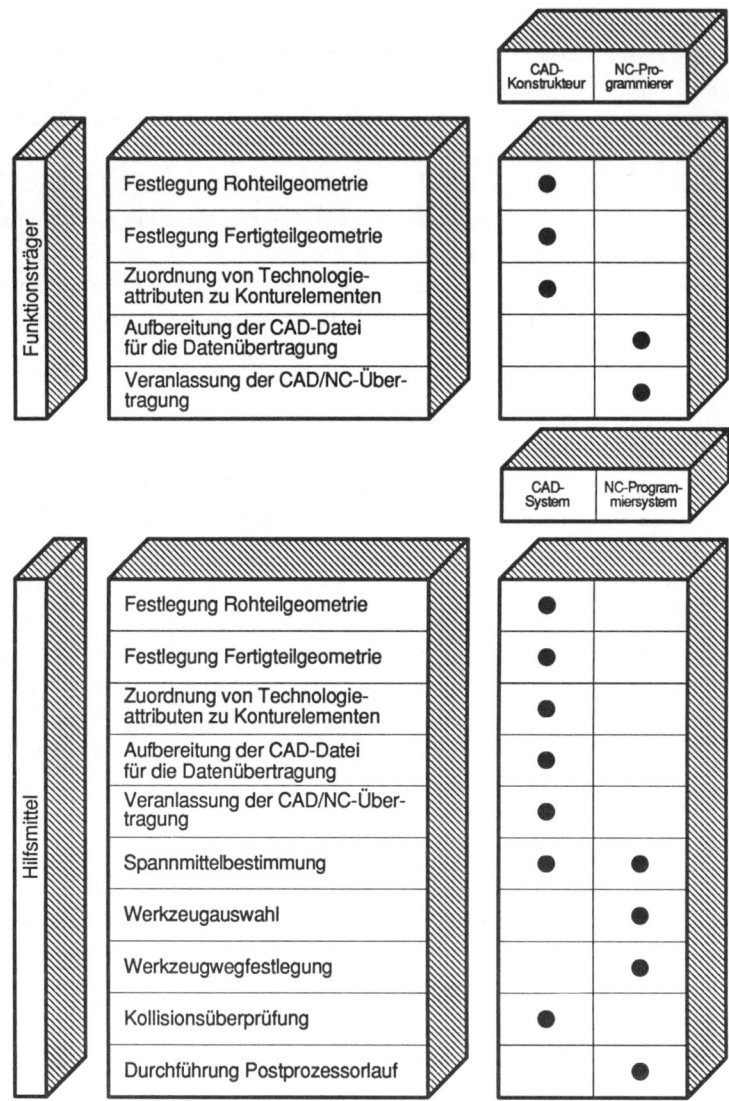

Abb. 7-8: Der Arbeitsorganisationstyp AO 4

miersystems beschränkt sich auf die Spannmittelbestimmung, die Werkzeugauswahl sowie den Postprozessorlauf. Das heißt, daß im Prinzip alle geometrieorientierten Aktivitäten des NC-Programmierers mit dem CAD-System durchgeführt werden.

Damit muß der NC-Programmierer in erster Linie die Handhabung des CAD-Systems erlernen.

Beim Arbeitsorganisationstyp AO 4 ist noch anzumerken, daß der NC-Programmierer den Bearbeitungsablauf auf der Maschine plant und in ein NC-Programm umsetzt. Der Konstrukteur führt gegenüber den anderen drei Arbeitsorganisationstypen zwar relativ viele Einzelfunktionen aus, übernimmt aber keinesfalls die Fertigungsablaufplanung.

7.3 Zuordnung von Arbeitsorganisationstypen zu Anforderungstypen

Ziel der folgenden Ausführungen ist es, die eigentlichen Gestaltungshilfen für die Arbeitsorganisation bei Einsatz der CAD/NC-Kopplung abzuleiten. Ausgangspunkt der Überlegungen sind die in Abschnitt 7.1 dargestellten Anforderungstypen AT 1 bis AT 4. Für jeden dieser vier Anforderungstypen ist eine geeignete Arbeitsorganisationsform (AO 1 bis AO 4) zu finden, mit der der Nutzen der CAD/NC-Kopplung optimiert werden kann.

Der Nutzen der CAD/NC-Kopplung wird - wie bereits im Rahmen der Konzeptualisierung und Operationalisierung beschrieben - durch

- Zeitersparnisse,
- Kostenvorteile und
- Verringerung von Fehlern

bestimmt (vgl. 4.3). Hierauf haben sowohl technische Merkmale, also in erster Linie die Art der CAD/NC-Kopplung (vgl.

Abschnitt 2.3) und die über die Schnittstelle übertragbare Informationsmenge (Geometrie- und teilweise auch Technologieinformationen), als auch organisatorische Merkmale einen meßbaren Einfluß. Es ist allerdings nicht möglich, den erzielbaren Nutzen im einzelnen auf technische oder organisatorische Merkmale zurückzuführen, da einem objektiven Beobachter immer nur das Gesamtergebnis zur Analyse zur Verfügung steht. Das heißt, er kann erkennen, in welchem Umfange ein Nutzen erzielt werden konnte; er kann aber die Ursachen des erzielten Nutzens nicht so weit aufschlüsseln, daß einzelne Anteile mit bestimmten technischen oder organisatorischen Merkmalen des Schnittstelleneinsatzes in direkte Verbindung gebracht werden können.

Für die Ableitung der Gestaltungshilfen stehen folgende Informationen zur Verfügung:

- die Beschreibung der Anforderungstypen AT 1 bis AT 4,
- die Beschreibung der Arbeitsorganisationstypen AO 1 bis AO 4,
- Effizienzdaten,
- Angaben zur eingesetzten Schnittstelle sowie
- Angaben über die übertragbare Information (Geometrie, Technologie als Textinformation oder Technologie als interpretationsfähige Marke zur automatisierten Generierung von Technologieanweisungen innerhalb des NC-Programmiersystems).

Mit Hilfe dieser Informationen lassen sich zum einen direkte Aussagen über die Effizienz des Einsatzes der CAD/NC-Kopplungen in den verschiedenen Betrieben machen und zum anderen auch überprüfen, ob die Effizienzaussagen überbetrieblich miteinander vergleichbar sind. Das heißt, ob in den Betrieben eines Anforderungstyps auch vergleichbare Einsatzbedingungen in bezug auf die Werkstückkomplexität und die Art der CAD/NC-Schnittstellen vorliegen. Die Vergleichbarkeit der Einsatzbedingungen ist insofern von Bedeutung, als daß eine Interpretation von Effizienzdaten über Betriebsgrenzen hinaus nur unter dieser Voraussetzung sinnvoll ist.

Die Effizienzmerkmale 'Veränderung der Programmierzeit', 'Veränderung der Programmierkosten' und 'Veränderung der Kosten für Konstruktion und NC-Programmierung' zeigen kaum Abhängigkeiten der Merkmalswerte mit den berücksichtigten Bearbeitungsverfahren, so daß im folgenden die Mittelwerte über die jeweils eingesetzten Bearbeitungsverfahren betrachtet werden.

Anforderungstyp AT 1

Der Anforderungstyp AT 1 konnte insgesamt in fünf Betrieben festgestellt werden (vgl. Abb. 7-9). Dabei wurden je zweimal die Arbeitsorganisationstypen AO 2 und AO 3 sowie einmal der Typ AO 1 angetroffen.

Eine erste Betrachtung der Effizienzdaten zeigt, daß die Kosten für die NC-Programmierung am meisten bei den Betrieben, die die Arbeitsorganisationsform AO 2 einsetzen, sinken. Bei den Änderungen der Fehlerhäufigkeiton sind keine signifikanten Unterschiede erkennbar.

Die geometrische Komplexität, näherungsweise repräsentiert durch die Anzahl Zeichnungsmaße pro Werkstattzeichnung, ist bei den Betrieben mit dem Arbeitsorganisationstyp AO 3 geringfügig höher als bei den übrigen Betrieben. Obwohl demnach eine größere Informationsmenge über die CAD/NC-Schnittstelle übertragen werden kann, sind die Veränderungen von Programmierzeit und -kosten geringer als bei den Betrieben mit Arbeitsorganisationstyp AO 2.

Die technologische Komplexität kann durch die durchschnittliche Anzahl Werkzeuge pro NC-Programm angenähert werden. Bei der Betrachtung dieses Merkmals zeigen sich allerdings keine signifikanten Unterschiede zwischen den Betrieben.

Betrieb	1	9	11	12	19
Veränderung der Programmierzeit (%)	-36,0	-21,1	-29,0	-23,1	-15,3
Veränderung der Programmierkosten (%)	-37,8	-21,1	-27,4	-21,0	-14,2
Veränderung der Kosten für Konstruktion und NC-Programmierung in (%)	-5,6	-6,6	-9,3	-8,0	-0,3
Fehlerhäufigkeiten im Bereich der Geometrie	gleich	geringer	geringer	geringer	geringer
Fehlerhäufigkeiten im Bereich der Technologie	gleich	gleich	gleich	gleich	gleich
Fehlerhäufigkeiten im Bereich der Aufspannungsplanung	gleich	gleich	geringer	geringer	geringer
Ø Anzahl Zeichnungsmaße	45	90	15	20	100
Ø Anzahl Werkzeuge pro NC-Programm	6	10	5	2	6
Ø Programmlänge (NC-Sätze)	400	105	200	170	5000
Bearbeitungsverfahren	Fräsen	Drehen Bohren Fräsen	Drehen Sonstige	Drehen Bohren Fräsen Sonstige	Fräsen
Schnittstellentyp (vgl. Abb. 2-2)	6	5	5	2	5
Übergebene Informationen	Geometrie	Geometrie	Geometrie Techno- logie in Textform	Geometrie	Geometrie
Ermittelter Arbeitsorganisationstyp	2	3	2	3	1

Abb. 7-9: Datenbasis für die Effizienzanalyse des Anforderungstyps AT 1

Durch die Verwendung von Freiformflächen bei Betrieb 19 ergeben sich im Mittel erheblich längere NC-Programme. Die Verwendung von Freiformflächen ist aber kein besonderes Charakteristikum des dort vorgefundenen Arbeitsorganisationstyps AO 1, so daß durch den Einsatz einer anderen Organisationsform auch mit Veränderungen der Effizienzdaten zu rechnen ist.

Da über alle Schnittstellen im wesentlichen nur Geometrieinformationen übertragen werden und zudem kein bestimmter Schnittstellentypus, bei dem auch Technologieinformationen übergeben werden, vorherrscht, müssen die Unterschiede bei den Effizienzdaten auf Unterschiede in der Arbeitsorganisation zurückgeführt werden.

Deshalb wird **für den Anforderungstyp AT 1 der Arbeitsorganisationstyp AO 2 empfohlen.**

Anforderungstyp AT 2

Die Betriebe des Anforderungstyps AT 2 weisen entweder den Arbeitsorganisationstyp AO 2 oder den Arbeitsorganisationstyp AO 4 auf. Die Abbildung 7-10 zeigt, daß die Veränderungen von Programmierzeit und -kosten bei den Betrieben mit Arbeitsorganisationstyp AO 4 größer als bei den Betrieben mit Arbeitsorganisationstyp AO 2 sind. Eine Betrachtung der Fehlerhäufigkeiten liefert dagegen keine signifikanten Unterschiede.

Wie die zusätzlich aufgenommenen Merkmale 'ϕ Anzahl Zeichnungsmaße', 'ϕ Anzahl Werkzeuge pro NC-Programm' und 'ϕ Programmlänge' zeigen, sind die Betriebe von der Werkstückkomplexität aus gesehen untereinander gut vergleichbar, so daß ein direkter Vergleich der Effizienzdaten sinnvoll erscheint.

Betrieb	2	3	4	7	14
Veränderung der Programmierzeit (%)	-27,7	-72,0	-37,5	-15,0	-17,9
Veränderung der Programmierkosten (%)	-20,1	-74,9	-33,4	-9,8	-12,3
Veränderung der Kosten für Konstruktion und NC-Programmierung (%)	-7,6	-41,3	-15,3	-4,3	-8,2
Fehlerhäufigkeiten im Bereich der Geometrie	geringer	geringer	geringer	geringer	gleich
Fehlerhäufigkeiten im Bereich der Technologie	gleich	gleich	gleich	gleich	gleich
Fehlerhäufigkeiten im Bereich der Aufspannungsplanung	gleich	gleich	geringer	gleich	gleich
Ø Anzahl Zeichnungsmaße	35	25	120	35	40
Ø Anzahl Werkzeuge pro NC-Programm	10	10	8	7	11
Ø Programmlänge (NC-Sätze)	170	50	400	190	300
Bearbeitungsverfahren	Drehen Bohren Fräsen	Drehen Bohren Fräsen	Fräsen	Drehen Bohren Fräsen	Drehen Fräsen Sonstige
Schnittstellentyp (vgl. Abb. 2-2)	2	5	3	6	5
Übergebene Informationen	Geometrie Techno- logie in Textform	Geometrie	Geometrie Techno- logie in Labelform	Geometrie Techno- logie in Textform	Geometrie Techno- logie in Textform
Ermittelter Arbeitsorganisationstyp	4	4	4	2	2

Abb. 7-10: Datenbasis für die Effizienzanalyse des Anforderungstyps AT 2

Über die CAD/NC-Schnittstelle wird neben der Geometriein-
formation in der Regel auch Technologieinformationen dem NC-
Programmiersystem zugänglich gemacht. Allerdings setzt nur
Betrieb 4 eine Schnittstelle ein, die auch Technologieinformation in Form direkt interpretierbarer Marken zur automatischen NC-Programmgenerierung zuläßt. Im übrigen wurde eine
so große Palette an Schnittstellentypen angetroffen, daß die
Art der Schnittstelle im überbetrieblichen Vergleich keinen
meßbaren Einfluß mehr hat.

Somit kann alleine aufgrund der Effizienzdatenanalyse der
Arbeitsorganisationstyp AO 4 als besonders geeignet für den
Anforderungstyp AT 2 empfohlen werden.

Anforderungstyp AT 3

Die Analyse der Effizienzdaten der Betriebe des Anforderungstyps AT 3 (vgl. Abb. 7-11) liefert keine eindeutige
Rangfolge zur Beurteilung der Effizienz. So unterscheiden
sich die Effizienzdaten für die Betriebe 5, 15 und 20 nur
minimal, während die Effizienzdaten der Betriebe 8 und 16
deutlich schlechter sind. In jedem der drei erstgenannten
Betriebe liegt aber jeweils ein anderer Arbeitsorganisationstyp vor.

In bezug auf die Fehlerhäufigkeiten hebt sich der Betrieb 20
deutlich von den anderen Betrieben ab, da in allen drei
untersuchten Merkmalen eine Verbesserung zu verzeichnen ist.
Der Betrieb 20 ist aber insofern ein Sonderfall, als daß
hier die CAD/NC-Schnittstelle nur für trennende Bearbeitungsverfahren eingesetzt wird, bei denen der Geometriean-
teil beim Aufwand für die NC-Programmierung dominiert. Die
Effizienzdaten des Betriebes 20 sind deshalb nur bedingt mit
den Daten der anderen Betriebe vergleichbar.

Somit muß die Entscheidung für die günstigste Form der Arbeitsorganisation beim Anforderungstyp AT 3 zwischen den

Betrieb	5	8	15	16	20
Veränderung der Programmierzeit (%)	-33,3	-15,5	-38,3	-22,9	-38,3
Veränderung der Programmierkosten (%)	-32,2	+4,2	-38,3	-14,7	-37,0
Veränderung der Kosten für Konstruktion und NC-Programmierung (%)	-1,6	+6,2	-15,6	-6,0	-22,4
Fehlerhäufigkeiten im Bereich der Geometrie	geringer	geringer	geringer	geringer	geringer
Fehlerhäufigkeiten im Bereich der Technologie	geringer	gleich	gleich	gleich	geringer
Fehlerhäufigkeiten im Bereich der Aufspannungsplanung	gleich	gleich	gleich	gleich	geringer
Ø Anzahl Zeichnungsmaße	100	120	35	40	40
Ø Anzahl Werkzeuge pro NC-Programm	15	7	8	21	15
Ø Programmlänge (NC-Sätze)	240	1200	250	275	300
Bearbeitungsverfahren	Fräsen Sonstige	Bohren Fräsen Sonstige	Drehen Bohren Sonstige	Drehen Bohren Fräsen	Sonstige
Schnittstellentyp (vgl. Abb. 2-2)	5	3	5	5	6
Übergebene Informationen	Geometrie Techno- logie in Textform	Geometrie Techno- logie in Labeiform	Geometrie Techno- logie in Textform	Geometrie	Geometrie Techno- logie in Labeiform
Ermittelter Arbeitsorganisationstyp	3	4	1	4	2

Abb. 7-11: Datenbasis für die Effizienzanalyse des Anforderungstyps AT 3

Arbeitsorganisationsformen AO 1 und AO 3 fallen (Betrieb 15 bzw. 5). Diese Entscheidung kann allerdings nicht alleine aufgrund der Effizienzdatenanalyse gefällt werden, da - wie bereits oben erwähnt - keine eindeutige Rangfolge aufstellbar ist.

Der Anforderungstyp AT 3 weist die Besonderheit auf, daß der CAD-Einsatz noch nicht sehr weit ausgeprägt ist und dementsprechend ein hoher Prozentsatz der Arbeiten in der Konstruktion noch konventionell, das heißt ohne den Einsatz von CAD-Systemen, durchgeführt wird. Die Nutzung der CAD/NC-Schnittstelle ist somit auf wenige Anwendungsfälle beschränkt. Damit für die Abwicklung der NC-Programmierung bei Einsatz der CAD/NC-Schnittstelle nicht eine gesonderte Organisationsform aufgebaut werden muß, empfiehlt es sich, eine Organisationsform zu wählen, die sich stark am konventionellen Ablauf orientiert. Dieses ist gerade bei der Arbeitsorganisationsform AO 1 der Fall (vgl. auch Abschnitt 7.2), so daß für den Anforderungstyp AT 3 der Arbeitsorganisationstyp AO 1 empfohlen wird.

Anforderungstyp AT 4

Beim Anforderungstyp AT 4 dominiert der Arbeitsorganisationstyp AO 3, der in 2/3 aller Betriebe vertreten ist (vgl. auch Abb. 7-12). Für die Betriebe mit diesem Arbeitsorganisationstyp konnten auch die größten Veränderungen der Programmierzeiten und -kosten ermittelt werden. Ebenso zeigen sich geringe Vorteile für den Arbeitsorganisationstyp AO 3 gegenüber den anderen Arbeitsorganisationstypen bei den Fehlerhäufigkeiten.

Die den Bearbeitungsaufgaben zugrunde liegenden Werkstückkomplexitäten sind innerhalb der Betriebe mit dem Anforderungstyp AT 4 untereinander vergleichbar. Das gleiche gilt für die Art der eingesetzten CAD/NC-Schnittstellen sowie für die übergebenen Informationen (vgl. Abb. 7-12). Somit kann

Betrieb	6	10	13	17	18	21
Veränderung der Programmierzeit (%)	-16,7	-23,8	-30,4	-28,3	-38,4	-25,0
Veränderung der Programmierkosten (%)	-17,3	-24,3	-20,1	-27,9	-59,9	-26,8
Veränderung der Kosten für Konstruktion und NC-Programmierung in (%)	-6,0	-15,3	-14,8	-16,1	-13,4	-8,2
Fehlerhäufigkeiten im Bereich der Geometrie	gleich	geringer	geringer	geringer	geringer	geringer
Fehlerhäufigkeiten im Bereich der Technologie	gleich	gleich	gleich	gleich	geringer	gleich
Fehlerhäufigkeiten im Bereich der Aufspannungsplanung	gleich	gleich	geringer	gleich	geringer	gleich
Ø Anzahl Zeichnungsmaße	25	30	50	20	85	40
Ø Anzahl Werkzeuge pro NC-Programm	20	8	10	8	7	9
Ø Programmlänge (NC-Sätze)	400	120	740	300	200	350
Bearbeitungsverfahren	Bohren Fräsen Sonstige	Drehen	Fräsen	Drehen Fräsen Sonstige	Drehen Fräsen Sonstige	Bohren Fräsen Sonstige
Schnittstellentyp (vgl. Abb. 2-2)	6	6	6	6	2	6
Übergebene Informationen	Geometrie	Geometrie Technologie in Textform	Geometrie Technologie in Label- form	Geometrie	Geometrie	Geometrie
Ermittelter Arbeitsorganisationstyp	2	1	3	3	3	3

Abb. 7-12: Datenbasis für die Effizienzanalyse des Anforderungstyps AT 4

aufgrund der Effizienzdaten der **Arbeitsorganisationstyp AO 3 für den Anforderungstyp AT 4** empfohlen werden.

Zusammenfassung

Durch die Analyse der erhobenen Effizienzdaten in Verbindung mit der Beschreibung der vier Anforderungs- und Arbeitsorganisationstypen konnten Empfehlungen zur Zuordnung von Arbeitsorganisationstypen zu Anforderungstypen erarbeitet werden.

Durch die Einordnung eines Unternehmens in einen der vier Anforderungstypen kann somit ein geeigneter Arbeitsorganisationstyp bestimmt werden, der sich unter vergleichbaren Einsatzbedingungen in der Praxis bereits bewährt hat. Das Ziel dieser Arbeit, Entscheidungshilfen für die Gestaltung der Arbeitsorganisation in den Bereichen Konstruktion und NC-Programmierung bei Einsatz einer CAD/NC-Kopplung zu entwickeln, wurde somit erreicht.

8   Exemplarische Anwendung der Gestaltungshilfen

In diesem Abschnitt soll die Praktikabilität der vorliegenden Entscheidungshilfen durch eine Anwendung bei einem
mittelständischen Unternehmen nachgewiesen werden. Ausgangspunkt der Anwendung ist die Bestrebung des Unternehmens
nunmehr in verstärktem Maße durch Anwendung modernster
Technik auf die Konkurrenzsituation zu reagieren und so die
Marktposition zu festigen.

Das Unternehmen

Als Anwendungsfall wurde ein Unternehmen des Maschinen- und
Anlagenbaus mit insgesamt ca. 1000 Mitarbeitern ausgewählt.
Davon arbeiten ca. 500 Personen in der Fertigung. Außerdem
sind ca. 100 Konstrukteure und acht NC-Programmierer beschäftigt.

Für die Fertigung stehen insgesamt 14 numerisch gesteuerte
Werkzeugmaschinen, ein flexibles Fertigungssystem mit zwei
Bearbeitungszentren sowie 80 konventionelle Maschinen zur
Verfügung.

Das Unternehmen hat bereits mehrjährige Erfahrungen mit dem
Einsatz von CAD-Systemen und maschinellen EDV-gestützten NC-
Programmiersystemen sammeln können und sieht im Einsatz der
CAD/NC-Kopplung eine Möglichkeit, weitere Rationalisierungsreserven im Bereich der NC-Programmierung zu nutzen.
Die physikalische Gestaltung der CAD/NC-Schnittstelle er-
weist sich für das Unternehmen als unproblematisch, da
sowohl das CAD- als auch das NC-Programmiersystem auf der
Hardware eines einzigen Herstellers implementiert sind und
somit keine hardwaretechnischen Probleme beim Datenaustausch
zu erwarten sind.

Das NC-Programmiersystem wird in der Hauptsache für die
Drehbearbeitung sowie für das Drahterodieren eingesetzt.

Durchführung der Untersuchung

Für die Durchführung der Untersuchung wurde ein Projektteam gebildet, das u. a. aus Mitarbeitern

- der Konstruktion,
- der NC-Programmierung und
- der im Unternehmen vorhandenen Organisationsabteilung

bestand.

In einem ersten Arbeitsschritt wurden die Ausprägungen der notwendigen Anforderungsmerkmale (vgl. Abschnitt 4.2.1) erhoben und in das Formblatt zur Beschreibung der Anforderungstypen (vgl. Abb. 7-1 bis 7-4) eingetragen.

Die Abbildung 8-1 zeigt das 'Anforderungsprofil' des untersuchten Unternehmens. Dieses Anforderungsprofil ist nun mit den Anforderungsprofilen der vier ermittelten Anforderungstypen AT 1 bis AT 4 zu vergleichen, um eine Einordnung des Unternehmens in einen der Anforderungstypen zu erreichen.

Allerdings wird das Anforderungsprofil eines Unternehmens nur in seltenen Fällen völlig deckungsgleich mit einem der vier Anforderungstypen sein, so daß der Anforderungstyp ermittelt werden muß, der mit dem Anforderungsprofil des Unternehmens die größte Ähnlichkeit aufweist. Hierzu schlägt KLEIN (1988, S. 127) vor, die Abweichungen mit Hilfe eines Distanzmaßes zu beschreiben und dann das Unternehmen dem Anforderungstyp zuzuordnen, bei dem der Betrag des Distanzmaßes am geringsten ist. Zur Bestimmung des Distanzmaßes läßt sich die absolute Distanz (vgl. VOGEL 1975, S. 87) benutzen:

$$AD_P = \sum_{i=1}^{m} |x_{i\,P} - x_i| , \qquad (8-1)$$

Merkmale	Ausprägungen			
Anzahl Mitarbeiter in der Konstruktion (MA-KONSTR)	1 ≤ MA-KONSTR < 50	50 ≤ MA-KONSTR < 100	MA-KONSTR ≥ 200	
Durchschnittliche Wiederholhäufigkeit eines Auftrags pro Jahr (WIEDERHOL)	0 ≤ WIEDERHOL < 1	1 ≤ WIEDERHOL < 3	3 ≤ WIEDERHOL < 5	WIEDERHOL ≥ 5
Durchschnittlicher Anteil neuer Aufträge pro Monat (NEUE-AUFTR)	1 ≤ NEUE-AUFTR < 10	10 ≤ NEUE-AUFTR < 20	20 ≤ NEUE-AUFTR < 50	NEUE-AUFTR ≥ 50
Änderungsanteil (AEND-ANT)	0 % ≤ AEND-ANT < 20 %	20 % ≤ AEND-ANT < 50 %	AEND-ANT ≥ 50 %	
Durchschnittliche Anzahl Aufspannungen pro Werkstück (ANZ-AUFSP)	1 ≤ ANZ-AUFSP < 2		ANZ-AUFSP ≥ 2	
Standardisierbarkeit des Werkstückspektrums (STAN-ANT)	0 % ≤ STAN-ANT < 15 %	15 % ≤ STAN-ANT < 30 %	STAN-ANT ≥ 30 %	
Variantenanteil (VAR-ANT)	0 % ≤ VAR-ANT < 20 %	20 % ≤ VAR-ANT < 50 %	VAR-ANT ≥ 50 %	
Anzahl NC-Programmierplätze (NC-PLA)	1 ≤ NC-PLA < 5	5 ≤ NC-PLA < 10	NC-PLA ≥ 10	
CAD-Anteil bei Neukonstruktionen (CAD-ANT)	0 % ≤ CAD-ANT < 25 %	25 % ≤ CAD-ANT < 50 %	CAD-ANT ≥ 50 %	

Abb. 8-1: Das Anforderungsprofil des untersuchten Unternehmens

mit AD_P = Abweichung zwischen dem Anforderungstyp P und den Ist-Anforderungen des Unternehmens,

x_{iP} = Ausprägung des i-ten Merkmals des Anforderungstyps P,

x_i = Ausprägung des i-ten Merkmals der Ist-Anforderungen,

m = Anzahl der Anforderungsmerkmale und

i = Laufindex der Anforderungsmerkmale.

Da die Ausprägungen bei den einzelnen Merkmalen der vier Anforderungstypen nicht immer eindeutig sind, wird immer dann, wenn mehrere Ausprägungen auftreten, der arithmetische Mittelwert der Ausprägungsstufennummern herangezogen. Liegen also zum Beispiel bei einem Anforderungsmerkmale die Ausprägungsstufen 2, 3 und 4 vor, so gilt für x_{iP}

$$x_{iP} = (2 + 3 + 4) / 3 = 3 . \qquad (8-2)$$

Die Abbildung 8-2 zeigt die für das Unternehmen durchgeführten Berechnungen der Distanzmaße. Hieraus geht eindeutig hervor, daß bei Anforderungstyp AT 2 das Distanzmaß am kleinsten ist und somit dieser Anforderungstyp den Ist-Anforderungen am besten entspricht.

In Abschnitt 7.3 wurde empfohlen, bei Anforderungstyp AT 2 den Arbeitsorganisationstyp AO 4 einzuführen, so daß dem Unternehmen dieser Arbeitsorganisationstyp empfohlen wurde.

Dieser Vorschlag wurde in der eingangs erwähnten Arbeitsgruppe ausführlich diskutiert. Die Meinungen über die Zweckmäßigkeit des Vorschlags gingen zunächst noch weit auseinander, da insbesondere die NC-Programmierer zu einem großen Teil mit einem völlig anderen Hilfsmittel arbeiten sollten und sich somit an eine neue Arbeitsumgebung gewöhnen müßten. Ein zweites Problem lag in der verstärkten Nutzung der CAD-Arbeitsplätze für die NC-Programmierung. Hier waren zum Zeitpunkt der Untersuchung noch nicht genügend Kapazitäten

$$AD_1 = |2\text{-}2| + |2,5\text{-}1| + |2,5\text{-}3| + |1\text{-}1| + |1\text{-}2| +$$
$$|3\text{-}1| + |1,5\text{-}1| + |1,5\text{-}2| + |3\text{-}2|$$
$$= 7,0$$

$$AD_2 = |1\text{-}2| + |2\text{-}1| + |2,5\text{-}3| + |1\text{-}1| + |2\text{-}2| +$$
$$|1\text{-}1| + |1\text{-}1| + |1,5\text{-}2| + |2\text{-}2|$$
$$= 3,0$$

$$AD_3 = |2,5\text{-}2| + |2,5\text{-}1| + |3,5\text{-}3| + |2\text{-}1| + |2\text{-}2| +$$
$$|1,5\text{-}1| + |2,5\text{-}1| + |2,5\text{-}2| + |1,5\text{-}2|$$
$$= 6,5$$

$$AD_4 = |1\text{-}2| + |1,5\text{-}1| + |1,5\text{-}3| + |1\text{-}1| + |1,5\text{-}2| +$$
$$|1\text{-}1| + |2\text{-}1| + |1\text{-}2| + |3\text{-}2|$$
$$= 6,5$$

Abb. 8-2: Berechnung der Distanzen zwischen den einzelnen Anforderungstypen und der Ist-Anforderung

vorhanden, um den NC-Programmierern Bildschirmarbeitsplätze zur Verfügung zu stellen.

Die beschriebenen Bedenken konnten im weiteren Untersuchungsverlauf vollständig ausgeräumt werden, indem von der Arbeitsgruppe die vorgeschlagene Aufgabenverteilung zwischen Konstrukteur und NC-Programmierer exemplarisch an einem typischen Werkstück durchgeführt wurde. Da der NC-Programmierer mit der Bedienung des CAD-System noch nicht vertraut war, wurde er bei den notwendigen Tätigkeiten, wie z. B. der Aufbereitung der CAD-Datei für die Datenübertragung, vom Konstrukteur unterstützt.

Trotz der anfänglichen Schwierigkeiten beim Umgang mit dem CAD-System wurde allen Beteiligten schnell bewußt, daß diese Form der Arbeitsorganisation zu einer deutlich besseren Nutzung der CAD/NC-Schnittstelle führt, als die bisherigen Versuche. Dieses ist im wesentlichen darin begründet, daß die für die NC-Programmierung notwendigen Informationen vom NC-Programmierer selbst festgelegt und bereits in aufbereiteter Form an das NC-Programmiersystem übergeben werden.

Dadurch kann der Nacharbeitungsaufwand für die Geometrie drastisch reduziert und somit die Akzeptanz der Schnittstelle erhöht werden.

Nach diesem erfolgreichen Test werden in dem Unternehmen heute alle NC-Programmierer nach und nach mit den Grundfunktionen des CAD-Systems vertraut gemacht. Außerdem sollen weitere CAD-Arbeitsplätze beschafft werden, die dann auch von den NC-Programmierern mitbenutzt werden können.

Zusammenfassend kann festgestellt werden, daß die exemplarische Anwendung der Gestaltungshilfe gezeigt hat, daß praxisgerechte Arbeitsorganisationsformen ausgewählt wurden, die sowohl einen Nutzengewinn beinhalten als auch die Akzeptanz der Schnittstelle bei den betroffenen Mitarbeitern erhöht.

9 Zusammenfassung

Die Anforderungen des Marktes zwingen die Unternehmen in immer stärkeren Maße, Produkte schnell, kostengünstig und in bester Qualität dem Kunden anzubieten. Vielfach greift man deshalb heute auf EDV-gestützte Hilfsmittel zurück.

In der Vergangenheit begnügte man sich im allgemeinen damit, verschiedene EDV-Systeme speziell für eine einzige Aufgabe quasi als Insel zu konzipieren. Damit konnten diese Lösungen speziell für das zu lösende Problem optimiert werden. Als direkte Folge ergab sich, daß z. B. gleiche Daten in verschiedenen Rechner- und Programmsystemen in unterschiedlicher Form abgelegt werden mußten, so daß nicht immer gewährleistet war, daß in allen Systemen aktuelle Daten abgelegt wurden.

Mit dem ständig steigenden Kenntnisstand im EDV-Bereich und der ebenso stetig wachsenden Leistungsfähigkeit von Hard- und Software liegt der Gedanke nahe, die Datenhaltung zu vereinheitlichen und die ehemals voneinander unabhängigen Programmsysteme miteinander zu koppeln, um so neben dem Problem der mehrfachen Datenhaltung auch einmal eingegebene Daten für andere Programmsysteme nutzbar zu machen.

Speziell in den Bereichen der Produktgestaltung und der Fertigungsplanung werden heute vielfach CAD-Systeme zum Entwurf und zur Detaillierung von Fertigungsunterlagen sowie NC-Programmiersysteme zur Erstellung der Steuerungsinformationen für numerisch gesteuerte Werkzeugmaschinen eingesetzt. Die oben umrissenen Probleme treffen in diesem Bereich in vollem Umfange zu, da die NC-Programmierung auf den Ergebnissen des Konstruktionsprozeß aufbaut und die bereits über das CAD-System abgelegten Daten weiter genutzt werden können.

Neben einer Reihe technischer Probleme, die im wesentlichen auf den verschiedenen Zielrichtungen der beiden Softwarehilfsmittel beruhen, wird die Effizienz der Kopplung dieser beiden Systeme stark durch die Arbeitsorganisation bestimmt, da der Informationsaustausch zwischen Konstruktion und NC-Programmierung optimiert werden muß. Außerdem kann durch spezifische Richtlinien und Absprachen die direkte Verwendung der CAD-Daten in der NC-Programmierung ohne größeren Aufbereitungsaufwand im NC-Programmiersystem erheblich verbessert werden.

Mit dem Ziel dieser Arbeit, auf Basis der betrieblichen Anforderungen eine anforderungsgerechte Form der Arbeitsorganisation für die Bereiche Konstruktion und NC-Programmierung bei Einsatz einer CAD/NC-Kopplung auszuwählen, kann demnach die Effizienz der CAD/NC-Kopplung verbessert werden.

Zur Strukturierung des Datenmaterials wurden nach einer ersten Überprüfung auf Normalverteilung und funktionale Abhängigkeiten der verwendeten Merkmale mit Verfahren der multivariaten Statistik vier Anforderungs- und vier Arbeitsorganisationstypen gebildet. Sowohl die Anforderungs- als auch die Arbeitsorganisationstypen werden durch eine Reihe von Merkmalen beschrieben. Wegen der Bedeutung der Merkmalsauswahl für die Typenbildung wurden die ausgewählten Merkmale sorgfältig diskutiert.

Durch die Analyse der Effizienzdaten in Verbindung mit der Beschreibung von Anforderungs- und Arbeitsorganisationstypen konnte für jeden Anforderungstyp ein geeigneter Arbeitsorganisationstyp bestimmt werden. Mit der Einordnung eines Unternehmens in einen der vier Anforderungstypen kann somit eine geeignete Form der Arbeitsorganisation empfohlen werden.

Die Praktikabilität der Gestaltungsempfehlungen wurde in einem Unternehmen des Maschinenbaus nachgewiesen, so daß mit dieser Arbeit ein Forschungsdefizit im Bereich der organisatorischen Eingliederung der CAD/NC-Kopplung beseitigt werden konnte.

10 Literaturverzeichnis

ALMENRÄDER, A.:   Beitrag zur Bestimmung des Zeit-
aufwandes für die Funktion "Arbeitsplanerstellung" im Maschinenbau.
Aachen RWTH Diss. 1983.
(Forschungsinstitut für Rationalisierung - FIR - Aachen).

AMMON, R.;
LIESE, S.;
WITTE, H.;
RAETHER, C.:   Neue Systeme für werkstattorien-
tierte Programmierverfahren.
Teil 1: Einführung zum Verbund-
vorhaben.
In: WT Zeitschrift für industriel-
le Fertigung, Berlin 77(1987)9,
S. 501-504.

ANDERL, R.;
TRÖNDLE, K.:   Modellaustausch, Notwendigkeit für
die Integration von CAD/CAM-Syste-
men.
In: VDI-Z, Düsseldorf 125(1983)4,
S. 91-95.

AWF (Hrsg.):   Integrierter EDV-Einsatz in der
Produktion.
CIM - Computer Integrated Manu-
facturing - Begriffe, Definitio-
nen, Funktionszuordnungen.
Hrsg.: Ausschuß für Wirtschaftli-
che Fertigung (AWF).
Eschborn 1985.

BACKHAUS, K.;
ERICHSON, B.;
PLINKE, W.;
SCHUCHARD-FICHER, C.;
WEIBER, R.:   Multivariate Analysemethoden.
4. Auflage.
Berlin, Heidelberg, New York,
London, Paris, Tokyo 1987.

BAMBERG, G.;
BAUR, F.:   Statistik.
5. Auflage.
München, Wien 1987.

BÄUMER, F. W.:   Entwicklung einer Systematik zur
vergleichenden Organisationsana-
lyse technischer Betriebsbereiche
am Beispiel Lagerorganisation.
Diss. RWTH Aachen.
Düsseldorf 1981.
(Forschungsinstitut für Rationalisierung - FIR - Aachen).

BEHR, M. von;
HIRSCH-KREINSEN, H.:

Qualifizierte Produktionsarbeit
und CAD/CAM-Integration. Erste
Befunde und Hypothesen.
In: VDI-Z, Düsseldorf 129(1987)1,
S. 18-23.

BERGS, S.:

Optimalität bei Clusteranalysen.
Münster Uni Diss. 1981.

BEST, M.:

Einsatz von CAD/CAM erfolgreich.
In: Industrie-Anzeiger, Leinfel-
den-Echterdingen 110(1988)94,
S. 37-40.

BEY, I.;
LEURIDAN, J.:

Europäisches Vorhaben zur Definition von CAD-Schnittstellen.
In: ZwF CIM Zeitschrift für wirtschaftliche Fertigung und Automatisierung, München 81(1986)1,
S. 38-42.

BOCK, H. H.:

Automatische Klassifikation.
Göttingen 1974.

BUSCHOLL, F.:

Entwicklung und Erprobung eines
Instrumentariums zur Ermittlung
anforderungsgerechter und effi-
zienter Organisationsstrukturen in
Warenverteilzentren.
Aachen RWTH Diss. 1983.
(Forschungsinstitut für Rationali-
sierung - FIR - Aachen).

CZIUDAJ, M.:

Darstellung und Analyse der NC-
Organisation. Ein Beitrag zur
Entwicklung von Planungshilfen für
die Gestaltung der NC-Organisati-
on.
Diss. RWTH Aachen.
Berlin, Köln 1985.
(Forschungsinstitut für Rationali-
sierung - FIR - Aachen).

ECKES, T.;
ROSSBACH, H.:

Clusteranalysen.
Stuttgart, Berlin, Köln, Mainz
1980.

EIGNER, M.:

Anforderungen und Voraussetzungen
für die betriebliche Integration
von CAD-Systemen. Teil 1: Kon-
zeptionelle und strukturelle
Integration, betriebsexterne
Voraussetzungen.
In: VDI-Z, Düsseldorf 125(1983)6,
S. 187-194. (=1983a).

EIGNER, M.:   Anforderungen und Voraussetzungen
                          für die betriebliche Integration
                          von CAD-Systemen. Teil 2: Be-
                          triebsinterne Voraussetzungen.
                          In: VDI-Z, Düsseldorf 125(1983)7,
                          S. 255-260. (=1983b).

EIGNER, M.:   Wirtschaftlichkeit integrierter
                          CAD/CAM-Systeme.
                          In: Der Betriebsleiter, Wiesbaden
                          29(1988)4, S. FdZ 16-19.

EULENBERGER, L.:   Integrierte Produktion mit CAD/CAM
                          - Notwendigkeit und Grenzen.
                          In: Planung und Produktion, Heiden
                          35(1987)7-8, S. 18-23.

EVERSHEIM, W.;   Baustein für die Integration.
COBANOGLU, M.;   In: Industrie-Anzeiger, Leinfel-
LUSZEK, G.:   den-Echterdingen 110(1988)85,
                          S. 33-37. (=1988a).

EVERSHEIM, W.;   Datenmodelle für eine integrierte
DIELS, A.;   Arbeitsplanerstellung.
ROZENFELD, H.:   In: VDI-Z, Düsseldorf 130(1988)3,
                          S. 40-44. (=1988b).

EVERSHEIM, W.;   Ansatz zur Integration über ein
ROZENFELD, H.;   logisches Datenmodell.
BUCHHOLZ, G.:   In: Industrie-Anzeiger, Leinfel-
                          den-Echterdingen 109(1987)103/104,
                          S. 64-72. (=1987a).

EVERSHEIM, W.;   Die CAD/NC-Integration.
SCHÜTZE, P.;   In: Industrie-Anzeiger, Leinfel-
DIELS, A.:   den-Echterdingen 109(1987)103/104,
                          S. 36-42. (=1987b).

FAHRMEIR, L.;   Multivariate statistische Verfah-
HAMERLE, A.:   ren.
                          Berlin, New York 1984.

FISCHER, W.:   Aspekte zukünftiger CIM-Lösungen.
                          In: Cad-Cam-report, Heidelberg
                          5(1986)7, S. 58-63.

FRANZ, D.:   CAD/CAM nach einem integrierten
                          Konzept in der Automobilzulie-
                          ferindustrie.
                          In: Die Arbeitsvorbereitung,
                          München 23(1986)2, S. 60-62.

GIESE, V.:

NC-Programmiermethoden und deren wirtschaftliche Anwendungsgrenze im Maschinenbau.
In: WT Zeitschrift für industrielle Fertigung, Berlin 77(1987)8, S. 424-426.

GRABOWSKI, H.;
ANDERL, R.;
GLATZ, R.:

CAD/CAM-Schnittstellenproblematik für den Anwender.
In: WT Zeitschrift für industrielle Fertigung, Berlin 76(1986)4, S. 212-218.

GROCHLA, E.:

Einführung in die Organisationstheorie.
Stuttgart 1978.

GÜTTLER, E.:

Entwicklung und Anwendung eines Klassifikationsverfahrens für Gruppen anforderungsähnlicher Arbeitsplätze.
Aachen RWTH Diss. 1978.
(Forschungsinstitut für Rationalisierung - FIR - Aachen).

HACKSTEIN, R.:

Einführung in die technische Ablauforganisation.
2., überarbeitete Auflage.
München, Wien 1988.
(Forschungsinstitut für Rationalisierung - FIR - Aachen).

HACKSTEIN, R.:

Roduktionsplanung und -steuerung (PPC).
Ein Handbuch für die Betriebspraxis.
2., überarbeitete Auflage.
Düsseldorf 1989.
(Forschungsinstitut für Rationalisierung - FIR - Aachen).

HARTUNG, E.;
ELPELT, B.:

Multivariate Statistik.
2. Auflage.
München, Wien 1986.

HARTUNG, J.;
ELPELT, B.;
KLÖSENER, H.-J.:

Statistik.
4. Auflage.
München, Wien 1985.

HECKER, H.:

Gestaltung der Arbeitsbedingungen an CAD/CAM-Arbeitsstationen.
In: Sozialistische Arbeitswissenschaft, Berlin (Ost) 31(1987)5, S. 350-359.

HEEG, F. J.:

Moderne Arbeitsorganisation.
Grundlagen der organisatorischen
Gestaltung von Arbeitssystemen bei
einsatz neuer Technologien.
München, Wien 1988.
(Institut für Arbeitswissenschaft
- IAW - Aachen).

HEISE, B.;
LENKENHOFF, P.;
LOOP, H.:

IVECO auf dem Weg zu CIM.
In: CIM Management, München
3(1987)3, S. 47-52.

HELLWIG, H.-E.;
HELLWIG, U.;
JOHANN, U.:

Die Kopplung von CAD und CAM.
Teil 4: Die Integration von NC-
Funktionen in CAD-Systeme.
In: VDI-Z, Düsseldorf 130(1988)5,
S. 22-25.

HELLWIG, H.-E.;
HELLWIG, U.;
PAULUS, M.:

Die Kopplung von CAD und CAM.
Teil 2: Der Informationsfluß von
der Konstruktion zur Fertigung.
In: VDI-Z, Düsseldorf 125(1983)11,
S. 455-460. (=1983b).

HELLWIG, H.-E.;
HELLWIG, U.;
PAULUS, M.:

Die Kopplung von CAD und CAM.
Teil 3: CAD/NC-Kopplung.
In: VDI-Z, Düsseldorf
127(1985)1/2, S. 28-32.

HELLWIG, U.;
HELLWIG, H.-E.;
PAULUS, M.:

Die Kopplung von CAD und CAM.
Teil 1: Mögliche Schnittstellen
sowie ihre Vor- und Nachteile.
In: VDI-Z, Düsseldorf 125(1983)10,
S. 355-360. (=1983a).

HENKEL, J.:

CAD/NC-Kopplung im Werkzeugbau.
In: VDI-Z, Düsseldorf
128(1986)15/16, S. 612-614.

HERRSCHER, A.;
WALTER, W.:

Durchgängiges CAD-NC-BDE-System
für Drehzellen.
In: WT Zeitschrift für industrielle Fertigung, Berlin 77(1988)8,
S. 419-423.

JÖCKEL, R.:

Einführung in die CAD/NC-Problema-
tik.
In: Tagungsband zum Lehrgang
8340/60.030, Die Nutzung der CAD-
Geometriedaten für die NC-Programmierung vom 27.2.1986 bis
28.2.1986.
Technische Akademie Esslingen
1986.

JÜTTING, W.:   Wirtschaftliche Arbeitsplanung in der Instandhaltung. Hrsg.: R. Hackstein, Forschungsinstitut für Rationalisierung - FIR - Aachen. Berlin, Heidelberg, New York, Tokyo 1986.

KADOR, F.-J.:   CAD/CAM-Einsatz: Chancen und Risiken aus der Sicht der Arbeitgeberverbände. In: Leistung und Lohn, Bergisch-Gladbach (1986)169/170/171, S. 11-16.

KIEF, H. B.:   NC-Handbuch 1989. Michelstadt 1989.

KIESER, A.;   Organisation. KUBICEK, H.:   2. Auflage. Berlin, New York 1983.

KIRCHBAUMER, G.: Genormte Schnittstellen vereinfachen den Datentransfer. In: VDI-Nachrichten, Düsseldorf 42(1988)48, S. 23.

KLEIN, W.:   Informationswesen in der Instandhaltung. Hrsg.: R. Hackstein, Forschungsinstitut für Rationalisierung - FIR - Aachen. Berlin, Heidelberg, New York, London, Paris, Tokyo 1988.

KNAPPE, H.-J.:   Technologische Daten automatisch ermittelt. In: Industrie Anzeiger, Essen 108(1986)10, S. 62-65.

KNAPPE, H.-J.;   Integration der NC-Programmierung. VEERKAMP, H.-J.: In: Industrie Anzeiger, Essen 108(1986)20, S. 35-38.

KOSIOL, E.:   Organisation in der Unternehmung. Wiesbaden 1966.

KUBICEK, H.:   Empirische Organisationsforschung. Stuttgart 1975.

LAY, G.;
BOFFO, M.;
SCHNEIDER, R. J.:

Integration von rechnergestützter Konstruktion und NC-Programmierung.
In: ZwF CIM Zeitschrift für wirtschaftliche Fertigung und Automatisierung, München 82(1987)6, S. 325-332.

LAY, G.;
MANNSBART, M.;
SCHNEIDER, R.;
HOSS, D.;
BRUMLOP, E.;
NULLMEIER, E.:

Gestaltungsspielräume bei der Integration von rechnergestützter Konstruktion und rechnergestützter NC-Programmierung.
Forschungsbericht zum HdA-Vorhaben 01 HG 175/01 HG 185.
Karlsruhe, Frankfurt 1988.

LÜSCHER, U.:

CAD-CAM-NC-Kopplungen.
In: Planung und Produktion, Heiden 34(1986)7/8, S. 18-22.

MANSKE, F.;
WOLF, H.:

Probleme und Perspektiven bei der CAD/CAP-Integration.
In: VDI-Z, Düsseldorf 130(1988)7, S. 22-26.

MILBERG, J.;
PEIKER, S.:

Geometrie- und technologieorientierte Verbindung von CAD-Systemen mit NC-Programmiersystemen.
In: WT Zeitschrift für industrielle Fertigung 77(1987)10, S. 583-586.

MONZ, J.;
HOHWIELER, E.:

Neue Systeme für werkstattorientierte Programmierverfahren.
Teil 2: Programmieren des Fertigungsverfahrens Drehen.
In: WT Zeitschrift für industrielle Fertigung, Berlin 77(1987)9, S. 575-581.

NEDESS, C.;
FRIEDEWALD, A.;
LANDVOGT, F.-B.:

Auswahl von NC-Programmiersystemen für integrative CA-Konzepte.
In: VDI-Z, Düsseldorf 128(1986)22, S. 875-878.

NITZSCHE, M.:

Entwicklung von Entscheidungshilfen zur Gestaltung der NC-Organisation bei Einsatz von CNC-Maschinen unter besonderer Berücksichtigung der Arbeitsteilung.
Aachen RWTH Diss. 1987.
(Forschungsinstitut für Rationalisierung - FIR - Aachen).

OPFERKUCH, R.;
PEIKER, S:

Auswahl und Ausbau eines NC-Pro-
grammiersystems unter besonderer
Berücksichtigung der CAD/CAM-
Verbindung.
In: WT Zeitschrift für industri-
elle Fertigung, Berlin 78(1988)2,
S. 101-105.

PAUSEWANG, V.:

Werkzeugmaschinen im Gegenwind von
allen Seiten.
In: VDI-Nachrichten, Düsseldorf
40(1986)38, S. 28.

PFENNIG, V.:

Bestimmung des Automatisierungs-
grades der rechnergestützten NC-
Programmierung.
Hrsg.: R. Hackstein, Forschungs-
institut für Rationalisierung -
FIR - Aachen).
Berlin, Heidelberg, New York,
London, Paris, Tokyo 1988.

PFENNIG, V.;
SCHELLER, T.:

Analyse von Systemen zur Program-
mierung numerisch gesteuerter
Werkzeugmaschinen.
Forschungshefte des Forschungsku-
ratoriums Maschinenbau e. V.,
Heft 133.
Frankfurt 1987.
(Forschungsinstitut für Rationali-
sierung - FIR - Aachen).

PFOHL, H.-C.:

Problemorientierte Entscheidungs-
findung in Organisationen.
Berlin, New York 1977.

PHAM, T. T.:

Erfahrungen mit CAD und der NC-
Kopplung.
In: ZwF Zeitschrift für wirtschaftliche Fertigung, München
77(1982)10, S. 453-464.

RAUSCH, W.;
MARNE, K.-D. de:

Datenaustausch über die VDA-Flä-
chenschnittstelle mit CAD/CAM-
System Strim 100.
In: CAD/CAM, München 4(1985)6,
S. 54-61.

REINAUER, G.:

Praktische Erfahrungen beim Einsatz von CAD-CAM-Kopplungen.
In: ZwF Zeitschrift für wirtschaftliche Fertigung, München
79(1984)5, S. 201-205.

REINAUER, G.:

Technische und organisatorische
Probleme bei der Integration von
CIM-System-Komponenten.
In: ZwF CIM Zeitschrift für wirt-
schaftliche Fertigung und Auto-
matisierung, München 82(1987)1,
S. 22-25. (=1987a).

REINAUER, G.:

Wirtschaftliche Übergabe - Effek-
tives Ankoppeln des Erstellens von
NC-Programmen an Konstruktionssy-
steme.
In: Maschinenmarkt, Würzburg
93(1987)21, S. 36-38. (=1987b).

REINKING, J.-D.:

NC-Programmierung und integrierte
Datenverarbeitung.
In: Cad-Cam-report, Heidelberg
7(1988)5, S. 148-157.

RIEDEL, I.:

Sicherung einer hohen Effektivität
von CAD/CAM-Lösungen durch arbeitsorganisatorische Prozeßge-
staltung.
In: Sozialistische Arbeitswissenschaft, Berlin (Ost) 30(1986)6,
S. 424-429.

SACHS, L.:

Statistische Methoden: Planung und
Auswertung.
6. Auflage.
Berlin, Heidelberg, New York,
London, Paris, Tokyo 1988.

SCHAEFFER, B.:

NC-Programmierung und CAD/CAM-
Integration.
In: ZwF CIM Zeitschrift für wirt-
schaftliche Fertigung und Auto-
matisierung, München, 82(1987)1,
S. 12-16.

SCHELLER, T.:

Leistungsmerkmale NC-Programmiersysteme.
Entscheidungshilfen zur Auswahl
bedarfsgerechter NC-Programmiersysteme.
Frankfurt 1988.
(Forschungsinstitut für Rationalisierung - FIR - Aachen).

SCHLAGENHAUF, K.;
SCHAFFITZEL, W.:

Voraussetzungen und Folgen des
CAD/CAM-Einsatzes in der Organi-
sation.
In: VDI-Berichte Nr. 492,
S. 435-441.
Düsseldorf 1983.

SCHUSTER, R.;
TRIPPNER, D.:

Erfahrungen beim CAD/CAM-Daten-
transfer mit der IGES-Schnitt-
stelle.
In: CAD/CAM, München 4(1985)4,
S. 58-64.

SCHUSTER, R.;
TRIPPNER, D.;
GLATZ, R.:

Was geschieht bei der CAD/CAM
Schnittstellennormung?
In: CAD/CAM, München 4(1985)1,
S. 40-45.

SCHWARZ, J:

NC-Programmierung und deren Einbindung in ein Gesamtkonzept bei
einem Triebwerkhersteller.
In: ZwF CIM Zeitschrift für wirtschaftliche Fertigung und Automatisierung, München 83(1988)9,
S. 449-452.

SCHWEIZER, H.-J.:

Wirtschaftlichkeitsbetrachtungen
im Rahmen einer CAD/CAM-Einfüh-
rung.
In: ZwF Zeitschrift für wirtschaftliche Fertigung, München
77(1982)8, S. 366-368.

SODEUR, W.:

Empirische Verfahren zur Klassifikation.
Stuttgart 1974.

SPÄTH, H.:

Cluster-Analyse-Algorithmen zur
Objektklassifizierung und Datenre-
duktion.
München, Wien 1975.

SPUR, G.;
KRAUSE, F.-L.:

CAD-Technik.
München, Wien 1984.

STAEHLE, H. W.:

Deutschsprachige situative Ansätze
in der Managementlehre.
In: WiSt-Wirtschaftswissenschaft-
liches Studium, München (1979)5,
S. 218-222.

STEINHAUSEN, D.;
LANGER, K.:

Clusteranalyse.
Einführung in Methoden und Verfahren der automatischen Klassifikation.
Berlin, New York 1977.

STORR, A.;
ZIRBS, J.:

CAD/NC-Programmiersysteme-Kopplung
- Probleme und deren Lösung.
In: TZ Technisches Zentralblatt
für die Metallbearbeitung, Lein-
felden-Echterdingen 81(1987)1,
S. 33-37. (=1987a).

- 132 -

STORR, A.;
ZIRBS, J.:

NC-Programmierung im Formenbau.
In: WT Zeitschrift für industri-
elle Fertigung, Berlin 77(1987)3,
S. 145-149. (=1987b).

STRACK, M.:

Organisatorische Gestaltung einer
zentralen Werkstattsteuerung.
Hrsg.: R. Hackstein, Forschungsin-
stitut für Rationalisierung - FIR
- Aachen.
Berlin, Heidelberg, New York,
London, Paris, Tokyo 1987.

STRECKFUSS, G.:

CAD-NC - Koppelung oder Integration?
In: TZ Technisches Zentralblatt
für die Metallbearbeitung, Lein-
felden-Echterdingen 78(1984)10,
S. 23-29.

SUCHENTRUNK, A.:

Wirtschaftlichkeit von CAD/CAM-
Systemen.
In: Cad-Cam-report, Heidelberg
6(1987)11, S. 32-40.

THOSS, J.;
GIER, O.:

CAD/NC-Kopplung.
In: ZwF CIM Zeitschrift für wirtschaftliche Fertigung und Automatisierung, München 81(1986)11,
S. 606-610.

ULRICH, S.;
RAAB, H. H.:

Zusammenfassung der CAD/CAM-Akti-
vitäten im Bereich der Arbeitsvorbereitung.
In: Die Arbeitsvorbereitung,
München 23(1986)1, S. 9-11.

VDI:

Der CAD-Markt wächst mit großen
Schritten.
In: VDI-Nachrichten, Düsseldorf
43(1988)13, S. 42.

VOGEL, F.:

Probleme und Verfahren der numeri-
schen Klassifikation.
Göttingen 1975.

WALLKÖTTER, R.:

Einfluß der Werkstückkomplexität
auf die Gestaltung der NC-Organisation.
Diplomarbeit D 370.
Aachen RWTH 1985.
(Forschungsinstitut für Rationalisierung - FIR - Aachen).

WALTER, W.:   CAD-NC-Kopplung mit CAD-Funkti-
                               onalität.
                               In: ZwF CIM Zeitschrift für wirt-
                               schaftliche Fertigung und Auto-
                               matisierung, München 84(1989)1,
                               S. 38-42.

WALTER, W.;   Universeller CAD/NC-Kopplungsbau-
HOFMEISTER, W.:   stein für NC-Programmiersystem.
                               In: WT Zeitschrift für industri-
                               elle Fertigung, Berlin 77(1987)3,
                               S. 129-133.

WARNECKE, G.;   CAD/CAM-Kopplung unter Einbezie-
MERTENS, P.:   hung der Technologieplanung.
                               In: VDI-Z, Düsseldorf 129(1987)5,
                               S. 48-51.

WEINGÄRTNER, J.:   EDV-gestützte Instandhaltung.
                               Gestaltung und Auslegung von
                               rechnergestützten Systemen.
                               Hrsg.: R. Hackstein, Forschungsin-
                               stitut für Rationalisierung - FIR
                               - Aachen.
                               Berlin, Heidelberg, New York,
                               London, Paris, Tokyo 1988.

WILDEMANN, H.:   Strategische Investitionsplanung
                               für CAD/CAM.
                               Stuttgart 1986.

WOLLERSHEIM, H.-R.:   CAD-Modelldaten nutzen.
                               Programmierung und Simulation von
                               Meßabläufen.
                               In: Industrie-Anzeiger, Leinfel-
                               den-Echterdingen 110(1988)45,
                               S. 26-29.

FIR + IAW
Forschung für die Praxis

Berichte aus dem Forschungsinstitut für Rationalisierung (FIR), Aachen, und dem Lehrstuhl und Institut für Arbeitswissenschaft (IAW) der Rheinisch-Westfälischen Technischen Hochschule Aachen.

Herausgeber: Univ.-Prof. Dr.-Ing. R. Hackstein

Rückgabedatum